LES AGES
DE LA NATURE

ET

HISTOIRE

DE L'ESPÈCE HUMAINE;

PAR

M. le Cte de Lacépède.

𝕿𝖔𝖒𝖊 𝕾𝖊𝖈𝖔𝖓𝖉.

A PARIS,

Chez F. G. LEVRAULT, rue de la Harpe, n.° 81;

STRASBOURG, même maison, rue des Juifs, n.° 33;

BRUXELLES, Librairie parisienne, rue de la Magdeleine, n.° 438.

1830.

des mythologies, et ne sont pas du domaine de l'histoire.

Des savans européens diminuent au contraire la longueur de l'existence de ce grand empire oriental; suivant quelques auteurs, la nation chinoise était du moins très-faible et encore peu nombreuse douze siècles avant Jésus-Christ , et de Guignes la regardait comme une colonie de la nation égyptienne.

Quoi qu'il en soit du nombre d'années écoulées depuis la formation du corps social de la Chine, c'est *Yao* qui en établit l'organisation et en fonda le gouvernement ; et c'est aussi à cet homme extraordinaire, qu'on rapporte les premiers canaux creusés non-seulement pour faciliter et multiplier les communications intérieures , mais encore pour l'écoulement des eaux qui couvraient une grande partie de la Chine septentrionale. Des contrées très-étendues étaient encore sous les eaux à cette époque reculée ; et suivant M. Latreille , mon habile confrère, le fleuve d'*Obi* était alors comme un canal naturel qui étendait au loin les eaux de la Caspienne dans laquelle il se jette, parvenait même jusqu'à l'océan septentrional, et faisait communiquer cette mer intérieure avec l'océan boréal.

Si cet *Yao* a été le chef et le conducteur d'une colonie qui sera venue s'établir dans la Chine actuelle, ne pourrait-on pas la supposer partie du grand plateau de la Tartarie voisine de l'Imaüs et de l'Himalaya, portion de la surface du globe où l'on trouve encore plusieurs tribus de cette race mongole dont nous avons décrit les caractères distinctifs, et à laquelle appartiennent les Chinois?

Yao partagea le pouvoir suprême avec *Chun*, qui régna seul après lui.

Le nombre des familles qui leur ont succédé, et que des révolutions intérieures ou des armées étrangères et victorieuses, ou d'autres causes, ont placées sur le trône, est remarquable pour ceux qui s'occupent de l'histoire des sociétés humaines. On a compté vingt-deux de ces familles ou dynasties; en portant même à quatre mille ans la durée de l'empire, le terme moyen de celle de chaque dynastie régnante ne serait pas de deux cents ans; et la France n'en a compté que trois dans un espace de temps de plus de douze siècles.

Le chef de la première dynastie, *Yu,* que *Chun* s'était associé en le préférant à ses enfans, rend héréditaires dans sa famille la couronne et le sacerdoce suprême, qui y était déjà joint à la royauté. Cette union, qui subsiste encore, doit être comptée parmi les principales causes de la durée si extraordinaire de l'empire chinois.

Yu fut surnommé *ta,* qui veut dire *grand,* et on ne le connaît dans l'histoire chinoise que sous le nom de *Yu-ta.*

Lao - tse, philosophe chinois, va à la grande pagode de *Pe-mo-chi,* à cinq cents *lis* de la ville de *Khoten,* voyage dans les

Indes, revient dans sa patrie et y fonde la religion de *Tao-se*.

La troisième dynastie, connue sous le nom de *Chow*, ou *Cheou*, ou *Tcheou*, commence plus de dix siècles avant l'ère chrétienne : elle comprend trente-cinq empereurs, sous lesquels la forme du gouvernement s'altère au point qu'ils érigent des provinces en royaumes tributaires, dont les princes, subordonnés en apparence, deviennent assez puissans pour lutter avec avantage contre le chef de l'empire.

C'est pendant cette dynastie que Confucius vient au monde. Appelé à une place importante et très-élevée, il se fait admirer par son génie, son esprit pénétrant, sa raison supérieure et sa grande sagesse. L'empereur cessant d'écouter ses conseils, Confucius se retire dans le royaume de Sum, où il enseigne la morale, la logique, les devoirs des magistrats, la science du gouvernement et l'art de l'orateur. Des milliers de disciples suivent ses leçons avec zèle. Il meurt à soixante-treize ans. On vénère sa mémoire; on lui rend les plus grands honneurs; on élève dans toutes les villes des monumens qu'on lui consacre; ses ouvrages sont consultés comme des oracles après plus de deux mille ans; et il n'est aucun Chinois qui ne prononce avec respect le nom de ce Confucius, l'un des plus grands hommes qu'on ait jamais célébrés. « Les « principes de morale et de gouvernement « de Confucius, dit un auteur anglais, M. « Davies, de la société royale, fondés sur la « nature humaine et *conformes à ceux de* « *l'Évangile,* confirment la supériorité de « la vérité sur les fictions de l'artifice et sur « le délire du fanatisme. »

Après la mort de ce véritable philosophe, des guerres civiles bouleversent la Chine et détruisent la dynastie de Chow.

La quatrième dynastie s'élève sous le nom de *Tsin. Chi-hoang-ti,* empereur de cette famille, fait construire sur les frontières septentrionales de son empire la fameuse grande muraille, qu'il regarde comme un rempart assuré contre les invasions, qui subsiste encore après plus de deux mille ans, qui a quinze cents *milles anglais* de longueur, et qui traverse des vallées et s'élève sur les cimes de très-hautes montagnes. Il joint à cette entreprise un acte d'une férocité insensée : il ordonne qu'on brûle tous les livres ; il est exécré, et la postérité de ses sujets dévoue sa mémoire à la haine et au mépris. Quelle différence avec Confucius !

Les Chinois doivent cependant un grand service à son ambition : il renverse les trônes tributaires, rétablit les provinces, restaure la monarchie, et plusieurs écrivains ne veulent compter que de cette époque, antérieure de deux siècles ou environ à l'ère chrétienne, la véritable existence de l'empire de la Chine.

Pendant la même dynastie, les Chinois envoient une colonie dans les îles du Japon ; et voilà pourquoi les Japonais ont les mêmes traits, les mêmes habitudes, la même police et le même respect pour Confucius que les Chinois.

La cinquième dynastie est fondée par un soldat, qui prend le nom de *Kao-tsou*. C'est sous son règne qu'on invente le papier de soie, l'encre dite de la Chine et les pinceaux destinés, au lieu de plumes, à former cette écriture, primitivement hiéroglyphique, qui exprimait les objets matériels par des images et les choses intellectuelles et abstraites par des symboles, et qui, avec le temps, a été réduite à diverses lignes tracées en différens sens. Cette espèce de peinture remplace les traits que les anciens Chinois traçaient avec un stylet sur le dos de feuilles de certains arbres.

Cette cinquième dynastie, connue sous le nom de *Han*, est si fameuse dans plusieurs contrées orientales, qu'on y a nommé les Chinois *Han-jin* (hommes de Han).

Dès le commencement de l'ère chrétienne,

les Chinois sont assez avancés dans l'astronomie élémentaire pour observer avec soin
les mouvemens apparens du soleil et de la
lune, et pour marquer les éclipses du soleil
avec une exactitude qui a fait mentionner ces
phénomènes par feu mon célèbre et respectable confrère *Pingré* dans sa *Chronologie
écliptique*. Leurs idées superstitieuses et leur
ignorance des sciences naturelles et physiques
les obligent d'autant plus à ces observations
exactes, qu'ils ne doutent pas de la grande
influence des éclipses et des autres phénomènes célestes sur tous les événemens politiques, la destinée de l'empire et le sort des
particuliers.

Une ambassade japonaise arrive à la Chine
en 54; et onze ans après, un événement
plus important a lieu dans cet empire. *Han-
ming-ti* était sur le trône; il avait établi des
écoles ou académies pour les exercices militaires et pour l'étude de la morale. Mais ses
envoyés lui apportent de l'Inde une statue

de *Fo* ou *Foé*, le même que *Boudha*, et un livre intitulé *Le commencement des discours de Fo à ses disciples, et recueillis par ces derniers*. Deux samanéens, venus avec les envoyés, le traduisent en chinois : l'on élève un temple en l'honneur de *Fo*, et les Chinois vont en foule dans les Indes visiter les temples et s'instruire dans cette religion de *Boudha*, ou *Vischnou*, ou *Foé*,

65. que l'on vient d'introduire dans leur patrie.

143.   Près de quatre-vingts ans plus tard, le pays de *Leang-tcheou* éprouve, pendant trois mois, de fréquens tremblemens de terre, qui causent la mort d'un très-grand nombre de Chinois.

Un empereur, nommé *Han-houon-ti*, entretient dans son palais mille femmes et dix mille chevaux.

Les tyrannies des empereurs, ou des ministres, lorsque les empereurs étaient assez faibles pour leur abandonner leur autorité, les insurrections qu'elles font naître, les

guerres civiles et les partis nombreux et
terribles que la victoire couronne, ou qui,
détruits et anéantis, renaissent de leurs cendres, remplissent la Chine de crimes et de
malheurs affreux. On croirait voir l'Europe
si cruellement déchirée pendant les siècles
d'ignorance. Un ministre très-habile, bon
politique et l'un des plus grands généraux
de l'Orient, règne au nom d'un empereur
tombé dans le mépris : il refuse la couronne
que les principaux mandarins, fatigués et
honteux de l'extrême faiblesse de leur souverain, le pressent de recevoir. Il meurt ;
mais son fils *Tsao-pi* a hérité de ses grands
talens et de toutes ses qualités. Les grands
le forcent d'accepter l'empire, et cette dynastie des Han, sous laquelle les Chinois
avaient soumis la Tartarie jusques à la mer
Caspienne, est renversée du trône, comme
la race de Clovis devait en être précipitée
en France par les maires du palais.

Lieou-pei, qui était de la race des Han,

ne veut pas obéir au ministre couronné; il forme un parti redoutable et prend le titre d'empereur. L'empire chinois se divise en trois royaumes. Les trois capitales sont Pékin ou *Lo-yan, Sze-chuen* et *Nan-king*, et il est remarquable que, de même que plusieurs nations européennes, les Chinois modernes préfèrent cette époque de troubles, de divisions, de guerres, de forfaits et d'anarchie, pour trouver ou placer les sujets de leurs drames et de leurs romances.

Tcin-ou-ti réunit les trois couronnes sur sa tête, rend à l'empire toute son intégrité et forme la dynastie des *Tcin*.

Un siècle ou environ après cette restauration, un général chinois traversa un désert sablonneux, soumit un grand pays, défit le roi d'*Aksou*, s'empara de cette ville, où il y avait *des marchés et des palais magnifiques*, suivant les chroniques chinoises, et reprit le chemin de la Chine avec *vingt mille* chameaux chargés des trésors qu'il avait conquis.

Les monarques continuent d'être plongés dans l'oisiveté et la débauche ; des ministres, des généraux ou des gouverneurs de provinces se révoltent, s'emparent de la personne du prince, le tiennent en captivité ou le font périr ; la confusion est partout ; le sang coule dans presque toutes les contrées de l'empire. Les Tartares orientaux s'emparent du nord de la Chine vers 400 ; et néanmoins, dans ces momens de désordres et de calamités, des samanéens chinois vont chercher des livres dans les Indes. Ils passent par le grand désert, par le pays de *Chen-chen,* où ils trouvent quatre mille bonzes et dont les habitans sont vêtus comme ceux de la Chine, mais avec des étoffes de laine au lieu de tissus de soie, et par *Khoten,* nommé *Yu-tien* par les Chinois, et rempli de samanéens très-savans, suivant les chroniques de leur patrie.

D'autres samanéens suivent la même route, vont ensuite de *Khoten* dans le

royaume de *Kie-cha*, où ils voient beaucoup de montagnes et où ils éprouvent un
très-grand froid; traversent l'*Imaüs* ou la
montagne de neige, l'Inde septentrionale,
les environs de l'Indus, la péninsule indienne, vont dans l'île de Ceylan, rentrent
en Chine par Canton; et le roi de Ceylan
envoie à l'empereur, qui était alors *Tcin-
ngan-ti*, une statue de *Fo* ou de *Boudha*,
composée de *pierres précieuses*.

Le fils de cet empereur, effrayé des com-
plots d'un général qui avait rendu de grands
services à son père, résigne l'empire en sa
420. faveur, et la dynastie des *Song* commence.

Un samanéen de l'Inde va à la Chine et
y montre une manière nouvelle de déterminer les solstices.

Une grande inimitié, cependant, s'anime
entre les Chinois de la religion de *Tao-se*
et ceux qui suivent la religion de *Fo* ou
Boudha. Elle devient une haine terrible:
l'empereur, qui était de la religion de *Tao-se*,

au lieu de calmer cette haine funeste, s'a-
bandonne à une intolérance épouvantable.
Il entre dans les monastères des samanéens
et, les trouvant remplis d'armes et de muni-
tions, il ordonne qu'on détruise ces monastères, qu'on rase les temples, qu'on brûle
les livres et qu'on enterre vifs tous les samanéens. Douze de ces malheureuses victimes de l'ignorance et de la frénésie échap-
pent seules à cet affreux supplice.   446.

On est indigné en lisant dans l'histoire de
la Chine les crimes dont se rendent coupables
les derniers empereurs de la dynastie des
Song; on frémit de courroux lorsqu'on voit
un de ces monstres couronnés immoler à ses
passions cruelles les hommes dont les vertus
et les talens étaient le plus utiles à l'État; un
autre fait périr par le fer ou par le poison
treize de ses neveux, deux de ses frères et
plusieurs grands de l'empire, pour laisser la
couronne au fils d'un de ses favoris; un troisième court comme un furieux dans les rues

de sa capitale et massacre tous ceux qu'il rencontre.

Kao-ti force à abdiquer le successeur de ces bêtes féroces, qui n'avait que douze ou treize ans, monte sur le trône et commence 479. la neuvième dynastie, celle des *Tsi.*

De nouveaux crimes souillent le trône et enfantent de nouvelles insurrections. L'un des gouverneurs de province, *Léang-ou-ti,* ceint le diadème que lui cède l'empereur, fait étrangler ce prince, et les Chinois obéissent 502. à la dixième dynastie, à celle des *Léang.*

Ce Léang-ou-ti se livre à toutes les idées des bonzes de la religion de *Fo,* qui, dans la seule Chine septentrionale, étaient, suivant plusieurs auteurs, au nombre de deux cent mille, et avaient trente mille temples. Il abandonne, pour se conformer à leurs pratiques, le soin de son empire; il ne cesse de fréquenter les temples des samanéens, prend leurs habits, explique leurs livres, partage leurs méditations et leurs prières;

mais, malgré ses exemples, un grand nombre de Chinois regardent comme indignes d'attention, comme ridicules et même comme contraires aux bonnes mœurs et à la piété filiale (là grande vertu de leur patrie), les principes des bonzes sur la nature de l'ame, sur celle des corps, sur les offrandes qui effacent toutes les fautes et sur la métempsycose, ainsi que les longues extases, l'immobilité du corps et l'anéantissement de la pensée, recommandés par les livres des samanéens. Un gouverneur de province se révolte contre l'empereur, s'empare du gouvernement, se rend maître de la personne du prince, et Léang-ou-ti meurt de chagrin. 549.

Un de ses successeurs ordonne aux *Tao-se* de se faire samanéens, sous peine de mort. Cette barbare et absurde intolérance ne pouvait pas durer ; cet orage de la déraison était trop violent.

Ouen-ti, chef de la dynastie des *Soui,* renverse du trône le prince dont il était le

581. ministre, réunit toute la Chine sous son empire et encourage vivement l'agriculture, et particulièrement la culture des mûriers, destinés à la nourriture des vers-à-soie.

605.   Son fils *Yang-ti* étend l'empire chinois du côté de Siam, attire beaucoup d'étrangers dans ses États, envoie dans les Indes et dans d'autres contrées un de ses officiers, qui lui présente à son retour une description et une carte des pays qu'il a parcourus, élève à *Lo-yang* un vaste palais, fait creuser ou réparer, sur une étendue de plus de seize cents lieues, des canaux larges de quarante pas, bordés d'allées d'arbres, revêtus de pierres en plusieurs endroits, et destinés à faire communiquer les uns avec les autres, le *Hoang-ho* ou fleuve jaune, le *Kiang* et d'autres fleuves ou grandes rivières. Mais le pouvoir le corrompt; il se livre à la plus honteuse débauche; il abandonne les rênes du gouvernement. Plusieurs révoltes se succèdent; une surtout fait de grands progrès:

il reste comme insensible à tant de désastres et toujours plongé dans d'indignes plaisirs. De grands mandarins l'assiégent dans son palais, livrent un combat, remportent la victoire, s'emparent de l'empereur et l'étranglent.

Li-yven, prince de Tang, et auquel les insurgés obéissent, place sur le trône le fils de l'empereur. Ce nouveau souverain ne croit pas pouvoir se soutenir contre un rival redoutable qui se présente bientôt, et cède la couronne au prince de Tang, qui prend le nom de *Kao-tsou,* et fonde la dynastie de *Tang,* ou la treizième dynastie.   619.

Son fils *Tai-tsong* lui succède et immortalise son nom parmi les Chinois, en instituant une académie, qui subsiste encore, qu'il agrége au conseil suprême et qui devient une pépinière de gouverneurs, de magistrats et d'autres mandarins. Il avait commencé son règne par renvoyer chez leurs parens trois mille concubines du palais. Il s'occupa avec le plus grand zèle à rendre les peuples heureux ; il en fut adoré. On publia avant sa mort le *Chou-king*, livre des plus respectés des Chinois ; et ce fut aussi sous son règne que des *chrétiens nestoriens*, appelés par les Chinois *bonzes* du *Ta-tsin* ou *empire romain d'Orient*, s'établirent dans la Chine.

635.

Kao-tsong monta sur le trône en 648. Il convoque une assemblée des grands mandarins et des gouverneurs des provinces, et leur demande leurs avis sur les meilleurs moyens de soulager les peuples. Il présentait la forme de gouvernement la plus utile aux nations ; il régit l'empire de la manière la plus propre à se faire chérir des Chinois et respecter de ses voisins. La civilisation de ses vastes États allait faire les plus grands progrès pour le bonheur de l'espèce humaine. Une passion funeste détruisit toutes les espérances, troubla sa raison et le rendit l'esclave d'une femme cruelle, ambitieuse et adroite, qui tyrannisa la Chine et, pour tâcher de se faire pardonner ses crimes par une partie des Chinois, construisit un grand temple *samanéen* et y placa une statue de *Fo,* de deux cents pieds de hauteur.

Cette femme ne régnait plus lorsqu'on éleva dans le fameux temple de *Koo-bo-kuk* une autre statue de *Fo,* ou *Boudha,* ou *Che-sia,* composée d'or et de bronze.

Les samanéens étaient devenus trop puis- 708. sans pour qu'une ambition excessive ne s'emparât pas de plusieurs de ces adorateurs de Fo. Ils se divisèrent, se séparèrent en plusieurs sectes, en formèrent jusques à douze; mais, toujours fidèles à leurs idées métaphysiques et religieuses, ces douze sectes ne cessèrent de regarder l'anéantissement des sens comme le dernier degré de la perfection.

Le roi de Samarcande envoie à l'empereur 714. de la Chine un traité d'astronomie. Le bonze et astronome *Y-hang* calcule d'anciennes éclipses, examine plusieurs époques de la chronologie chinoise, engage l'empereur à envoyer des astronomes dans la Cochinchine et près du lac Païkal (Baïkal), fait des recherches sur la hauteur méridienne du soleil et sur celle de l'étoile polaire, mesure un degré de latitude, observe la durée des jours et des nuits, la position des étoiles, la grandeur des ombres méridiennes du *gnomon*, les latitudes de la lune, et fait travailler à un catalogue des longitudes terrestres.

721. Plus tard, un samanéen du nord de l'Inde, qui avait voyagé dans l'île de Ceylan et dans d'autres contrées, vient à la Chine, décrit les principales étoiles des constellations, et, suivant le père Gaubil, donne aux signes du zodiaque les noms de bélier, de taureau, des gémeaux et les autres noms

732. d'*Hipparque* et de *Ptolémée*.

Les bonzes samanéens avaient cependant plus de quarante-quatre mille temples, plus de cent cinquante mille esclaves, des terres immenses et beaucoup d'autres richesses. Ils donnent de l'inquiétude, et bientôt inspirent de la haine. L'empereur diminue le nombre de ces bonzes et des bonzesses, détruit près de quatre mille temples, n'en laisse qu'un dans chaque ville, et se détermine d'autant plus facilement à cette suppression, qu'il penche pour les idées religieuses des *Tao-se*. Il a même la faiblesse de croire à la vertu de certains breuvages que ces Tao-se composaient, et qui devaient donner l'immortalité; il en prend, comme quelques-uns de ses prédécesseurs, dont le sort funeste ne peut le défendre contre les séductions des *Tao-se,* et, ainsi que ces monarques, il meurt victime de son insensée crédulité.

Son successeur se laissa tromper de même, malgré le déplorable succès d'une absurde et trop coupable tentative, but le fameux breuvage qui devait le garantir de la mort, et cessa de vivre après avoir souffert des douleurs aiguës.   860.

Les ennuques du palais avaient, à différentes reprises, exercé un pouvoir terrible,
qu'ils avaient, dans plusieurs circonstances,
cherché à maintenir en se donnant des fils
adoptifs auxquels ils imposaient leurs noms.
Les gouverneurs des provinces usurpent le
pouvoir suprême et se font des guerres
cruelles; le palais impérial est rempli d'intrigues : les empereurs n'opposent que la plus
honteuse faiblesse à tant de troubles, d'insurrections, de manœuvres et de forfaits. Un ministre fait assassiner son souverain, ordonne
qu'on massacre huit enfans du prince, place
sur le trône le neuvième fils de celui qu'il a
immolé, donne la mort à trente grands
mandarins dont il prévoit l'opposition à
ses projets, reçoit la démission en sa faveur du jeune empereur qui n'a que treize
ans et qui tremble devant lui, prend la
907. couronne et commence la quatorzième dynastie. Cet usurpateur, qui prend le nom
de *Taï-tsou,* ne lutte qu'avec peine contre

des princes qui gouvernent de grandes parties de l'empire; il veut céder le trône à son fils aîné. Son second fils le fait percer d'une lance par un esclave, et suppose un ordre de son père, d'après lequel un autre de ses frères immole son aîné comme rebelle. Le parricide veut ceindre le diadème; mais il ne peut se défendre contre les soldats envoyés contre lui par le frère qu'il a horriblement trompé, et périt avec sa femme sous le poignard de l'esclave qui, par son ordre, avait percé le cœur de l'auteur de ses jours.

Les forfaits les plus contraires à la nature rendent de plus en plus odieux et le trône et le palais. Quatre dynasties s'élèvent et s'écroulent avec rapidité au milieu des insurrections que la force anéantit ou couronne, et des grandes calamités qui accablent la malheureuse nation chinoise. Un général persécuté par les ministres et chéri de la nation, est proclamé empereur par le

peuple et l'armée, qui ne peuvent plus supporter un joug affreux, et sous le nom de
960. *Taï-tsou second* commence la dix-neuvième
dynastie, qu'il nomme celle des *Song*.

Quelques années avant ce changement,
et pendant les malheurs publics, on invente
l'*imprimerie,* si souvent exécutée avec des
caractères immobiles gravés sur des planches
de bois.

Taï-tsou second, cependant, rétablit l'autorité impériale dans toutes les parties de
la Chine.

Après l'an mille vingt-deux, une impéra-
trice régente fait raser un grand nombre de
temples où l'on s'occupait de sacrifices aux
esprits, de visions, de songes, de divina-
tions, de livres descendus du ciel, de prodiges, de sortiléges, d'opérations magiques.

Près de trente ans après, les Chinois
soumettent le Thibet à leur domination.

Mais vers la fin du treizième siècle, et
après un grand nombre de révoltes, de

guerres soutenues contre les Tartares, de batailles perdues, de conquêtes faites par l'ennemi, et de nouveaux malheurs éprouvés par les nationaux, que les vexations et les impôts avaient réduits à une profonde misère, *Kubloï* ou *Kobloï,* Kahn des Tartares *Mongous,* ou *Mongols* ou *Mogols,* fils de Tulican, petit-fils du fameux Gengiskahn, et nommé par les Chinois, *Chi-tsou,* achève de conquérir la Chine, dont il prend le titre d'empereur.

Ce prince veut faire cesser la barbarie des Mogols, adopte en partie les habitudes des Chinois, étudie leurs livres, fait creuser un grand nombre de canaux, fonde plusieurs colléges et académies, favorise les progrès de l'agriculture, de l'astronomie et des mathématiques, honore l'instruction et les talens, attire dans son empire des étrangers éclairés et habiles, fait traduire en mogol un grand nombre de livres qu'ils lui indiquent, adopte, pour faciliter et répandre les connaissances, une nouvelle écriture, plus simple que celle des Chinois, et dont les caractères sont composés par un bonze ou lhama nommé *Pa-se-pa*; encourage les manufactures, ouvre ses ports de mer, établit la liberté du commerce, fait construire des vaisseaux, et, malgré toutes les guerres qu'il soutient, s'occupe de donner un nouveau code à ses États.

Les bonzes, trop puissans et persécuteurs, obtiennent qu'on brûle tous les livres de leurs rivaux les *Tao-se*; on ne conserve que le *Tao-te-king*, ouvrage de *Lao-tse*, fondateur de la religion de ces *Tao-se*, qu'ils détestent.

De plus en plus favorisés, ces bonzes veulent donner la plus grande durée à leur pouvoir. Ils tiennent une grande assemblée, ils se réunissent au nombre de quarante mille, ils établissent de nouvelles règles pour leur hiérarchie, leurs prières et leurs 1288. pénitences. Bientôt on achève d'écrire en grandes lettres d'or les livres doctrinaux des lhamas, traduits des livres indiens. Et quel usage vont faire les bonzes de cette grande puissance que les empereurs de la dynastie mogole ont eu la honteuse faiblesse de les laisser usurper ? Mécontens d'un premier ministre, ils le font assassiner et massacrent l'empereur.

Leur insolence, leur luxe, leurs débauches et leurs superstitions révoltent cependant les Chinois contre les Mogols qui ont tant protégé ces bonzes ambitieux ; et c'est un bonze qui, doué de grands talens militaires, se met à la tête des troupes, renverse la dynastie des Mogols, monte sur le trône et fonde la dynastie chinoise des *Ming*.

Ce fut vers 1620, que les Chinois commencèrent à faire usage d'une artillerie imparfaite ; et néanmoins plusieurs années après, les Tartares *Mantchous* attaquèrent l'empire chinois, surmontèrent toutes les résistances qui leur furent opposées, soumirent successivement les diverses parties de l'empire, établirent la dynastie des *Tsing*, mais conservèrent toutes les institutions.

Quelles lois cependant, quels usages, quelles institutions, que ceux qui, pendant tant de siècles, n'ont pu préserver la nation chinoise des plus grands crimes politiques, des troubles les plus violens, des insurrections les plus multipliées, de la tyrannie la plus barbare, des guerres civiles les plus atroces, de toutes les calamités qui peuvent tomber sur une nation!

Ces institutions n'ont jamais eu de garantie légale; elles n'ont été défendues que par la force, quelquefois victorieuse, quelquefois surmontée par une force plus grande. L'autorité était confiée à un pouvoir absolu que les armes pouvaient détruire et remplacer par un autre despotisme, mais que rien ne pouvait tempérer.

Dans chaque ville considérable de la Chine il y a deux tribunaux, l'un civil, l'autre cri-

minel; et ces tribunaux ressortent à des cours
supérieures, établies dans la capitale de l'empire. Mais ces cours sont subordonnées au
conseil suprême de l'empereur. Ce conseil
est absolu. Des inspecteurs ou commissaires
impériaux assistent à toutes les séances des
tribunaux et des cours, pour en rendre
compte à l'empereur. L'autorité judiciaire
est confondue avec l'autorité administrative.
L'ordre judiciaire, le véritable protecteur
des propriétés et des libertés individuelles,
ne jouit pas de cette indépendance sans laquelle il n'y a que servitude.

Aucune assemblée de grands ou de députés du peuple ne force d'ailleurs les ministres
à l'observation des lois, n'impose le joug de
ces lois protectrices à l'exercice de l'autorité
souveraine, ne règle les subsides, ne con-
court à déterminer les dépenses. La puissance publique est une émanation et une
extension de la puissance paternelle; mais
elle n'en commande que plus fortement l'o-

béissance dans un pays où les droits des pères sont plus grands et consacrés par une sorte de culte religieux.

Les institutions n'ont pas changé à la Chine, parce qu'elles sont très-favorables à l'autorité arbitraire, et que le despotisme a tout fait pour les maintenir, en nuisant aux progrès des lumières, et en arrêtant la marche de la civilisation. Voilà pourquoi leur astronomie est si limitée, leur physique si remplie d'erreurs, leur médecine si imparfaite. Ce n'est que dans quelques arts et en agriculture que les Chinois ont mérité une assez grande réputation. Ils ont depuis bien des siècles tiré un grand parti de la *terre à porcelaine*, très-commune dans plusieurs de leurs provinces, ainsi que dans celles du Japon, et qui n'est qu'un *feldspath décomposé*, qu'ils ont souvent laissé exposé à l'action de l'air pendant près de quarante ans, pour achever la décomposition de cette substance. On a écrit qu'ils soumettaient au feu ce feldspath altéré qu'on nomme *ka-olin*, en le mêlant avec du *che-kao*, que les chimistes modernes regardent comme le spath pesant ou la *baryte sulfatée*. Ils ont fondu pour la couverte de la porcelaine qu'ils fabriquaient avec le ka-olin du *pe-tunt-ze*, ou feldspath non décomposé; ils y ont ajouté quelquefois du *koa-che*, substance terreuse, très-fine et semblable d'ailleurs au ka-olin; et ils ont obtenu ainsi des vases ou d'autres pièces de porcelaine ou *tse-ki*, remarquables par la finesse de leur pâte, leur légèreté et leur transparence plus ou moins grande.

Ils ont, comme agriculteurs, imaginé un semoir ingénieux, qui a été imité en Europe. Plusieurs de leurs plaines ont été nivelées de manière à faciliter les arrosemens. Ils ont établi sur leurs coteaux des terrasses, soutenues par de petits murs, y ont ménagé des réservoirs pour recevoir les eaux des sources et des pluies, et y ont adapté des machines propres à répandre ces eaux fécondantes. La

même année voit dans beaucoup d'endroits
la récolte de coton succéder à une autre récolte, et être remplacée par celle de plantes
nourricières. Leurs nombreux canaux sont
coupés par des écluses très-simples, et dont
les surfaces convexes, s'élevant au-dessus des
eaux supérieure et inférieure, présentent en
quelque sorte des lits sur lesquels les bateaux
sont poussés ou tirés sans beaucoup d'efforts,
et glissent pour ainsi dire avec facilité. Leur
commerce intérieur est très-actif et très-
favorisé par ces canaux et par les rivières ;
mais leur commerce extérieur est très-peu
considérable, et leur navigation peu étendue.
Il y a peu de temps qu'ils ne portaient sur
leurs *jonques,* ou bâtimens de mer, que des
soies, du thé, des drogues médicinales, des
feuilles d'or, des porcelaines et des habits,
à Siam, à Manille ou à Batavia, dont ils ne
retiraient que des piastres, des épiceries, des
draps d'Europe, du bois de sandal et du bois
de Brésil. Ils ne recevaient du Japon que des

porcelaines, des ouvrages de vernis, de l'or, de l'acier et du *tombac* ou alliage de cuivre, de laiton et d'étain; et ne lui donnaient en échange que des drogues médicinales, des sucres, des cuirs, des étoffes de soie et des draps de l'Europe. La population de la Chine était cependant, en 1761, de près de deux cents millions de personnes.

C'est pendant la quatrième dynastie, celle des *Tsin,* et deux ou trois siècles avant l'ère chrétienne, que les Chinois avaient envoyé une colonie dans le Japon. Mais plusieurs auteurs pensent que *Synmu,* chef de la dynastie qui a régné dans ce pays jusqu'à nos jours, commandait aux Japonais six cent soixante ans avant cette ère vulgaire.

Le Japon est composé de trois grandes îles et d'un nombre extrêmement grand d'autres îles de diverses grandeurs. Ses côtes escarpées sont environnées d'écueils et entourées d'une mer très-orageuse. Les trombes sont d'ailleurs fort fréquentes dans cette mer;

et des volcans très-nombreux agitent souvent les îles japonaises. Des eaux naturellement chaudes abondent dans cet archipel; et de grands volumes de ces eaux tombent d'une montagne escarpée dans le territoire d'Orima de la grande île de *Xico*.

Ce fut, suivant de Guignes et d'autres savans, vers la fin du troisième siècle que les Japonais reçurent des environs de la Corée les caractères et les livres des Chinois; et peu de temps avant le commencement du septième parut parmi eux *Sotoktais*, leur célèbre prophète, respecté par eux comme un homme divin, et regardé par plusieurs habitans du Japon comme *Boudha* ou *To* lui-même, incarné de nouveau.

On a écrit que, vers la même époque, on avait apporté au Japon beaucoup d'or de la Corée, et qu'avant la réception de ce métal, les statues les plus riches étaient en cuivre; et c'est quelques années après cette introduction, et par conséquent après l'apparition du prophète *Sotoktais*, que *Gienno-giosa* fonda les *jammabos*, ou les *pénitens* japonais.

Vers 672 on bâtit le temple de *Midera*, célèbre dans les îles japonaises; on apporta de l'argent des mines de l'île de *Tsussima*, que les Coréens commençaient d'exploiter; on établit les *matjuri*, fêtes composées de prières, de processions, de représentations dramatiques, de danses et d'autres divertisse-mens, et destinées à honorer le dieu protec-teur de chaque ville ou de chaque district, et à calmer la colère des esprits malfaisans; et l'empire fut divisé en soixante-six provinces.

Temnu régnait pendant ces divers évé-nemens; sa veuve, qui était aussi sa nièce, lui succéda, et ce fut sous son règne que l'on commença à brasser du *sakki* ou de la bière de riz.

L'empereur Monmu fit construire, en 1366, une mesure qu'il envoya dans toutes les provinces, et à laquelle il ordonna, sous des peines très-rigoureuses, de se conformer pour mesurer le riz, le froment et les autres grains.

865. Les livres de Confucius, apportés à la cour du Japon, y sont lus avec un grand succès; et quelques années après paraît un ouvrage qui devait être estimé très-long-temps par les Japonais, et que composa une princesse du sang impérial, nommée *Isse* et renommée pour son savoir.

Près de deux cents ans plus tard, les riches Japonais adoptent l'usage de se faire traîner dans des *khurumas*, ou des chariots couverts, tirés par des bœufs.

Quelles ressemblances on trouve entre les commencemens de toutes les civilisations !

Dès le 12.e siècle, l'autorité de l'empereur que l'on nommait *le Dairo*, est très-affaiblie par les usurpations et les résistances des princes tributaires, remplis d'ambition, empressés de se soustraire au pouvoir suprême, et jaloux les uns des autres au point d'allumer de funestes guerres civiles, terrible image des effets de la *féodalité* qui, à la même époque, ensanglante l'Europe; et, comme pour montrer de nouveaux rapports avec cette Europe alors si infortunée, des princes tributaires achèvent de secouer le joug, établissent des royaumes plus ou moins indépendans; et le général de la couronne, envoyé pour les combattre, abuse de ses victoires, s'empare de l'autorité impériale temporelle, prend le titre de *Cubo*, que l'on a comparé à celui de *maire du palais*, ne laisse au *Dairo* que l'autorité spirituelle sur les bonzes, les temples et les autres objets religieux, et transmet à ses enfans sa dignité et sa puissance, qui deviennent bientôt héréditaires.

Des marchands portugais, jetés par la tempête sur les côtes de l'île de Xico, découvrent le Japon et les échanges si avantageux que l'on peut faire avec cet empire.

1542. Ils s'établissent à *Nangasacki*, où le commerce attire bientôt un grand nombre de Japonais et d'étrangers. Des missionnaires catholiques y arrivent avec les Portugais, et convertissent un grand nombre d'insulaires. Trois princes, grands vassaux de l'empire, embrassent le catholicisme et envoient des ambassadeurs au Pape. Leurs démarches et les richesses, le grand nombre, le faste et la conduite des Portugais, déplaisent au gouvernement, lui inspirent de la méfiance, l'irritent, et après quelques années les Portugais sont chassés ; les catholiques éprouvent d'horribles persécutions ; l'entrée de l'intérieur de l'empire est interdite aux Européens, et le commerce n'est permis qu'avec les Hollandais, que l'on soumet à de grandes restrictions et aux conditions les plus humiliantes.

Quelque nombreux que soient les Japonais, ils peuvent se passer du secours des autres nations. Leur industrie est très-grande. Les rochers même y sont mis en valeur. Ils cultivent avec des soins particuliers le riz et les légumes; leurs mers, leurs lacs et leurs rivières sont remplis de poissons, qu'ils pêchent avec adresse.

Les récoltes de soie sont très-abondantes au Japon, et on y fabrique des étoffes tissues de soie, d'or et d'argent, qui ont été très-recherchées par les Européens. Le thé, le coton et le chanvre y sont très-communs. Le *mûrier à papier*, consacré en Europe à la mémoire de feu mon savant collègue et ami Broussonnet, et appelé maintenant *broussonnetia*, y donne une écorce avec laquelle on fait des cordes, du papier et même des étoffes. Des arbres à *vernis* y croissent comme à la Chine; on y recueille en très-grande quantité celui que donnent les jeunes branches du *vernix*, espèce de sumac. Les vases que l'on recouvre de ce vernis sont préférés à ceux d'or et d'argent dans les palais de l'empereur. L'arbre du camphre

y est cultivé aussi heureusement que dans
l'île de Sumatra. Des mines nombreuses y
donnent de l'argent, de l'or, et surtout du
cuivre et de l'étain ; et les rivages de la mer
y fournissent une grande quantité d'huîtres
dans lesquelles on trouve des perles.

On a compté jusqu'à six cent mille habitans dans *Méaco*, l'ancienne capitale de
l'empire ; et on y a vu jusqu'à quatre mille
temples, desservis par quarante mille bonzes.
On remarquait parmi ces prêtres les *bud-
soïstes*, dont les préceptes étaient très-ri-
goureux ; et le *siutoïsme* était la religion
de ceux qui n'admettaient pas de culte proprement dit, rendaient des honneurs à la
mémoire de leurs ancêtres, ne reconnais-
saient qu'un Dieu, et croyaient qu'une vie
sage et vertueuse suffisait pour lui rendre
hommage.

Un trait bien remarquable de l'histoire
des Japonais, c'est l'éducation qu'ils recevaient de leurs parens et principalement de

leurs mères. On les formait à l'honneur; on leur inspirait l'amour de leur patrie; on les habituait à dédaigner le repos; on les lançait, pour ainsi dire, vers l'héroïsme.

Tels étaient devenus les Japonais, ces voisins de la Chine, qui montrent de si grands rapports avec les Chinois.

A l'occident et au nord de cette Chine, pendant long-temps si fameuse, ont vécu différentes nations qui, réunies et favorisées par une civilisation plus avancée, auraient fait la conquête du monde; l'immense territoire sur lequel elles se sont agitées dès les premiers temps de la formation des sociétés humaines, est le grand plateau de Tartarie ou *central* relativement à l'Asie, que les monts *Altaï* bordent à l'orient de la Caspienne, et que les montagnes de la *Daourie* prolongent jusqu'au grand Océan oriental. Cette *steppe* ou espèce de plaine si vaste, si élevée et si souvent parcourue par ces nations auxquelles on a donné le nom de

Scythes ou de *Tartares*, ou *Tatars*, est séparée des contrées que le Gange arrose, par les monts entassés de l'*Imaüs* et de l'*Himalaya*. Couverte dans beaucoup d'endroits, et suivant plusieurs voyageurs, de plantes marines qui n'ont cessé de s'y perpétuer après la retraite de l'océan, depuis combien de temps elle est le théâtre des courses et des combats de plusieurs nations vagabondes, très-peu civilisées, et dont les invasions fréquemment renouvelées ont porté l'épouvante, le ravage et la mort dans des contrées très-étendues et beaucoup plus avancées dans la civilisation!

L'une des plus fameuses de ces nations a été celle des *Huns* ou des *Hiengoux*, qui, après avoir fait la guerre aux Chinois vers l'orient de l'Asie, et ravagé l'empire romain oriental, ont trouvé dans une contrée célèbre de l'Europe un établissement où leurs traits devaient s'embellir et leur civilisation faire des progrès plus rapides.

Les *Mongols*, divisés en *Mongols pro-*
prement dits, en *Buriates* et en *Kalmoucks*,
ont inspiré autant de terreur que les Huns,
dévasté autant de contrées et étendu leur
puissance victorieuse depuis la Chine jusqu'au *Pont-Euxin* ou à la mer Noire.

Les *Mantchous*, qui depuis ont conquis
la Chine, occupaient les hauteurs qui séparent le grand plateau de Tartarie du grand
Océan oriental; et les *Tunguses*, qu'on a
regardés comme une branche des *Mant-*
chous, s'étendaient depuis les montagnes de
la Daourie jusqu'aux bords du *Jénisey*.

Cent soixante-deux ans avant l'ère chrétienne, suivant les diverses chroniques que
de Guignes a comparées, le roi des *Hiong-*
nou (Tartares septentrionaux) repousse vers
l'ouest d'autres Tartares, voisins du *Chen-*
si, et nommés *Gue-chi* (race de la lune).
Ces *Gue-chi* s'emparent de la Bactriane et
des environs de l'Indus, et ont été connus
sous le nom d'*Indo-Scythes*. Ils ne doivent

pas avoir peu contribué à répandre la religion indienne dans la Tartarie, où l'on a écrit qu'elle avait été introduite un siècle ou environ avant l'ère vulgaire. Il paraîtrait qu'à une époque plus ou moins reculée, ils se sont mêlés avec diverses tribus d'autres Tartares ou Scythes nomades, et particulièrement avec les *Gètes* ou *Je-ta*.

Un chef de Scythes nomades, nommé par les Chinois *Kicou-cho-kio*, soumet les autres chefs de sa nation vers la fin du troisième siècle, prend Samarcande, combat contre les Parthes; et son fils, nommé *Kiu-kao-tchin*, fait de grandes conquêtes dans les Indes. Un siècle ou environ après ces conquêtes, *Ki-to-lo*, roi des *Gue-chi*, combat contre les Tartares *Jouï-Jouï* des environs de l'*Irtisch*, tourne ensuite ses armes contre l'Inde, et s'empare de cinq royaumes des Indes septentrionales. Les *Gue-chi* auxquels il commande, sont ceux auxquels on a donné le nom de *grands Gue-chi*; et l'on a nommé *petits Gue-chi*, ceux des environs de *Khasgar*, de *Khoten* et d'autres contrées plus boréales. Il y avait encore à l'occident de Khoten, le long de l'Oxus et auprès du mont Imaüs, des Gètes qui avaient eu les plus grandes liaisons avec les *Gue-chi* et les *Igours*, et chez lesquels on voyait plusieurs temples, pagodes, pyramides ou tours consacrés à *Boudha*.

Les conquêtes et les révolutions qu'elles produisent, sont fréquentes et rapides dans la Tartarie; et avant la fin du sixième siècle on voit un chef du *Turkestan*, nommé *To-po-khan*, régner depuis la Caspienne jusqu'à la Corée.

572.

Dans le douzième siècle paraît un des conquérans les plus fameux. Un *Mogol* ou *Mongol*, nommé *Gengis-khan*, remporte, pendant plus de vingt ans, les victoires les plus éclatantes, et s'empare de la plus grande partie de l'Asie. L'empire que ses armes lui ont donné, est immense. Il meurt, âgé de 72

ans, en 1226. Son second fils, *Octaï*, lui succède dans le royaume des Mongols; *Zagatoï*,
son troisième fils, règne dans la Transexane;
son quatrième fils, *Tulican*, a le Corasan, la
Perse et une partie des Indes; et *Batou*,
son petit-fils, né de *Giougio*, son fils aîné,
mort depuis quelque temps, compte parmi
ses États les pays d'*Alan*, de *Rous* et de
Bulgar. Ce partage détruit un empire que
le génie d'un roi victorieux n'aurait pu
soutenir long-temps sans lumières et sans
institutions.

Un exemple également remarquable est
donné dans la même partie du monde, à
la fin du quatorzième siècle et au commencement du quinzième. *Timur-bec* (Timur le
boiteux), khan ou empereur des Scythes
ou Tartares, et connu sous le nom de *Ta-
merlan*, force la grande muraille de la
Chine, soumet la plus grande partie des
Indes, bat les Perses, subjugue les Parthes,
conquiert la Mésopotamie et l'Égypte, dé-

truit Bagdad, Damas, Alep, Sébaste, défait
à Angouri Bajazet II, et donne des fers à ce
sultan des Turcs ; aucune institution tuté-
laire ne garantit aucune durée chez ses peuples à demi barbares : à peine a-t-il cessé de
vivre, que son empire s'écroule.

L'Euphrate et le Tigre arrosaient des pays
que son cimeterre avait soumis; ils avaient
coulé long-temps auparavant sous les murs
de capitales fameuses d'un des plus anciens
empires. Cette antique domination est celle
des Assyriens. Ils étaient chasseurs dans ces
temps reculés, dont l'orgueil national, la
politique du pouvoir souverain, celle des
prêtres, et la superstition religieuse ont raconté tant de fables, et où on a placé *Assur*
et *Nemrod*. De grandes forêts couvraient alors
ces contrées, au milieu desquelles coulaient
deux fleuves bien plus larges et bien plus
profonds qu'à des époques moins anciennes.

Un homme extraordinaire, le fameux *Ninus*, sa veuve *Sémiramis*, et leur fils *Ni-*

II. 4

nias, entreprennent, exécutent ou terminent de grandes choses; ils ont régné sur l'Assyrie il y a près de quatre mille ans. Ninus a été l'objet des plus grands éloges; on lui a décerné une grande gloire; on l'a représenté comme un conquérant qui, par ses combinaisons et son courage, étend au loin et surtout vers l'Orient les bornes de son empire. Il bâtit sur le Tigre Ninive, dont, suivant Diodore, aucune ville n'égalait l'étendue; et il promet des terres à tous ceux qui voudront l'habiter. On a cru devoir lui rapporter la division du peuple en tribus. Mais, fondateur du despotisme, il veut que les enfans soient contraints d'exercer la profession de leurs pères; et vainqueur barbare, il fait crucifier Pharus, roi des Mèdes, et sa famille, que la victoire lui a soumis, et il ordonne qu'on donne la mort au roi des Babyloniens qu'il a subjugués, et aux enfans de ce prince trahi par le sort. Ninive et Babylone se taisent devant lui.

Sémiramis lui succède : elle veut étendre l'empire que Ninus lui a laissé; elle porte la guerre dans l'Éthiopie, dans la Perse, dans les Indes, imprime une nouvelle force au commerce en multipliant les communications des peuples; et voulant affermir sa puissance absolue, elle élève des temples, remplit les sanctuaires d'autels, d'urnes, de tables, de vases d'or, comme les tables, les urnes et les autels, et ne néglige rien pour plaire aux prêtres dits *Chaldéens,* qui, organes des volontés des dieux, cultivaient seuls l'astronomie et les élémens de quelques autres sciences, écrivent les annales et exercent une si grande influence sur les Assyriens. Mais elle s'abandonne à la débauche la plus honteuse et la plus effrénée; et par une horrible cruauté, elle fait périr ceux avec lesquels elle a voulu assouvir sa brutale et violente passion. Les Assyriens cependant ne maudirent pas la mémoire de Sémiramis; ils conservèrent avec orgueil le souvenir de ses victoires, et les prêtres, n'oubliant pas les richesses qu'elle leur avait prodiguées, parurent croire que les dons faits à leurs autels expiaient tous les crimes : rappelant même un de leurs oracles qui lui avait annoncé les honneurs divins, ils la présentèrent aux hommages de ses peuples sous la forme d'une colombe ; et cette image consacrée décora tous les étendards.

Ninias se renferme dans son palais ; et l'armée qui veillait autour des barrières, ne put le garantir de la terreur secrète qu'éprouve la tyrannie autant qu'elle l'inspire.

Le nom de *Ninus* protège néanmoins, pendant plusieurs siècles, l'État qu'il a fondé. Il semble que son génie lui a survécu et suffit au salut de l'empire. On n'ose attaquer ces Assyriens que la victoire et la gloire ont conduits dans un si grand nombre de contrées. Mais les successeurs de Ninias tombent dans une dépravation, dans une mollesse et dans une inaction si funestes, que tous les

ressorts de l'État se relâchent. On invoque
en vain le nom de Ninus; il n'a laissé aucune institution qui puisse arrêter la chute
de sa dynastie.

L'Assyrie change de tyrans. Mais la nouvelle dynastie continue de laisser l'empire
s'affaisser sous son propre poids. Le sceptre
roule de main en main jusqu'à *Sardana-*
pale. Le nom de cette ombre d'empereur
rappelle ce que la débauche a de plus vil;
il est un terme de mépris. Un satrape,
ou général des Mèdes, nommé *Arsace,* ne
peut supporter d'obéir à un prince aussi
dégradé. *Bélésis,* le chef des prêtres ou
Chaldéens, se réunit à lui. Sardanapale est
précipité du trône, qu'on brise. On divise
l'empire de Ninus; trois monarchies lui succèdent. Arsace règne dans la Médie; Babylone devient la capitale d'une monarchie
indépendante; et *Phul* établit à Ninive le
second empire des Assyriens.

Nabonassar, que plusieurs historiens

appellent *Bélésis*, est roi des Chaldéens ou de Babylone, sept cent quarante-sept ans avant l'ère vulgaire. L'ère de son règne est établie par les Babyloniens comme celle de leur affranchissement du joug des Assyriens; cette ère est encore fameuse.

Nabonassar cependant perpétua leur servitude; et voulant, par une absurde vanité, être regardé comme le premier roi de la Babylonie, il ordonna, suivant Alexandre Polyhistor, et suivant Bérose, l'historien de la Chaldée, de détruire tous les monumens historiques et tous les actes de ses prédécesseurs.

Et combien pouvait être grand le despotisme des monarques! Dans les trois royaumes formés de l'ancien empire d'Assyrie, toutes les terres appartenaient au souverain; il ne les cédait que pour des redevances, et il était le maître si absolu de la vie de ses malheureux sujets, qu'un seul de ses ordres suffisait pour faire tomber toutes les têtes qui lui déplaisaient, et même les plus élevées.

Sept siècles avant l'ère vulgaire, le royaume de Babylone repassa sous l'empire de celui d'Assyrie. Un général, nommé *Nabopolassar*, à la tête d'une de ces insurrections que produit la tyrannie, et qui renversent ou érigent des trônes despotiques, sépara de nouveau la Babylonie de l'Assyrie, et régna sur les bords de l'Euphrate. Son fils, *Nabuchodonosor II*, que l'on a surnommé *le grand*, parce qu'il prit Ninive, subjugua l'Asie mineure, et soumit un grand nombre de contrées orientales; traita avec barbarie les rois et les peuples vaincus, et dans la démence orgueilleuse que lui donnent ses victoires et ses armes toujours si redoutées, il veut qu'on lui élève une statue d'or, ose se comparer à un être surnaturel et tout-puissant, et ordonne qu'on adore cette statue. La terreur fait fléchir tous les genoux devant l'image d'un barbare; et cette terreur devait être bien forte pour l'emporter sur les principes religieux des Chaldéens, et sur l'attachement si vif des prêtres au pouvoir de leur tribu.

Ces Chaldéens admettaient l'éternité de la matière, et l'organisation de l'univers par une volonté suprême ; ils s'étaient élevés jusqu'au dogme sublime de l'immortalité de l'ame.

Le soleil avait reçu leurs premiers hommages ; il était l'image sacrée de la divinité et de la grande puissance de la nature. *Bel,* leur Dieu principal, a inventé l'astronomie, que ses prêtres cultivent avec soin. Son temple présente plusieurs tours élevées l'une au-dessus de l'autre. On le consulte dans la plus haute. Les astres sont ses agens et ses interprètes. Un dieu subalterne préside à chacun des douze signes du zodiaque.

Les équinoxes étaient les époques de grandes cérémonies religieuses. Les Assyriens pleuraient alors l'affaiblissement que la lumière et la chaleur du soleil éprouvent au solstice d'hiver, ou la destinée tragique de leur *Adonis*, tant célébré ensuite par d'autres peuples, et nommé par plusieurs Grecs *l'époux assyrien de Vénus*; et lorsqu'au solstice d'été il semble renaître à la nature, ces peuples exprimaient leur joie religieuse par des danses et d'autres divertissemens.

Dans une autre fête, nommée *Sacée*, les esclaves commandaient à leurs maîtres pendant cinq jours.

La nature fécondante était adorée sous divers noms, sous diverses formes, sous différens emblêmes; on croyait l'honorer par des prostitutions, et même, suivant le Grec *Julius Firmius*, par des actes plus infames.

Les Chaldéens, avant de rendre leurs oracles et d'expliquer les songes, consultaient le vol des oiseaux, les entrailles des victimes, les mouvemens des astres. Les devins entouraient le monarque, et comment un despote n'aurait-il pas eu besoin de calmer, pour ainsi dire à chaque instant, les terreurs de la tyrannie!

Le commerce transportait particulièrement la soie, le lin, l'ivoire, le marbre, les
bois odoriférans, les pierres précieuses, l'or,
l'argent, des meubles, des vêtemens, des
parfums, des huiles, des vins, des chevaux,
des armes, des chars, des esclaves.

La reine *Nitocris* voulant, comme plusieurs de ses prédécesseurs, suppléer à l'a-
bondance des pluies, pour ajouter à la fertilité des champs, et désirant d'ailleurs de
mettre les campagnes à l'abri des inondations funestes, occasionées aux approches de
l'été par la fonte des neiges des montagnes
de l'Arménie, fait ouvrir des canaux au-
dessus de Babylone, construit, de chaque
côté de l'Euphrate, de grandes levées, revê-
tues de briques cimentées avec du bitume;
et dans lesquelles on ménage à une certaine
hauteur des ouvertures capables de donner
un écoulement aux eaux du fleuve; et creuse
un lac destiné à recevoir ces eaux lors des
grands débordemens, et à laisser sortir, par

le moyen d'écluses, les quantités de ces
mêmes eaux de l'Euphrate nécessaires, suivant les saisons, pour arroser les terres trop
desséchées.

La mécanique et l'art des constructions
devaient avoir fait d'assez grands progrès à
Babylone; un pont très-long y avait été
construit sur l'Euphrate. Les pierres en
étaient liées avec des clefs de fer, et leurs
petits intervalles avaient été remplis de
plomb fondu; de longs éperons défendaient
le côté des piles exposé au courant; et si le
peu de connaissance qu'avaient les Babyloniens de l'art de la coupe des pierres, les
avait empêchés d'inventer les voûtes, il n'é-
tait pas facile de placer solidement les unes
au-dessus des autres, les grandes pierres
destinées à se dépasser successivement pour
former la partie supérieure des arches. Diodore a même écrit qu'on avait construit sous
le lit de l'Euphrate une galerie haute de plus
de vingt pieds et large de quinze, et que

cette route souterraine servait de communi-
cation à deux palais bâtis vis-à-vis l'un de
l'autre sur les rives opposées de l'Euphrate.

Les Chaldéens savaient que la lune est
placée, relativement à notre globe, au-dessous
de toutes les étoiles et de toutes les planètes;
qu'elle n'a qu'une lumière réfléchie, et que
ses éclipses viennent de ce qu'elle entre dans
l'ombre de la terre. On a écrit qu'ils avaient
connu avant les autres peuples l'usage des
cadrans solaires; ils regardaient les comètes,
suivant Apollonius de Minde, comme des
planètes dont la révolution se faisait dans
des orbites très-excentriques à notre globe,
et qui n'étaient visibles que lorsqu'elles parcouraient la partie inférieure de cette orbite;
et leurs observations avaient précédé celles
des Égyptiens, selon Aristote et d'autres
auteurs.

L'art de la guerre était chez eux moins
avancé que l'astronomie. Leur manière de
combattre ressemblait beaucoup à celle des

sauvages. Ils n'avaient aucune idée de la stratégie ni de la véritable tactique. Le ravage des champs, le carnage, la destruction des villes, la captivité des peuples, leur translation dans des contrées plus ou moins éloignées de leur patrie, et la ruine entière du pays conquis, étaient les horribles suites de la victoire.

Leur luxe était celui des Barbares. Les monarques, les satrapes ou gouverneurs, les grands, les riches, consommaient une grande quantité des parfums renommés de Babylone, avaient des meubles précieux, des tapis d'une grande valeur, des vases d'or ou dorés, et enrichis de perles, de rubis et de saphirs. On voyait ces saphirs, ces rubis et ces perles briller autour de leur cou, à leurs oreilles et sur leurs robes, dont l'étoffe, tissue d'or et d'argent, resplendissait de vives couleurs et de beaucoup de broderies; leurs festins étaient splendides; ils se faisaient porter dans des litières, mais les sculptures et presque tous les autres produits des arts étaient restés grossiers ; et à côté de cette somptuosité, que l'on a nommée asiatique, la plus grande partie de la nation, esclave et traitée comme une espèce inférieure, vivait accablée de travaux, condamnée à de nombreuses privations et très-souvent plongée dans la misère.

Cet empire devait s'écrouler. Un grand homme qui régnait sur les Mèdes et sur les Perses et qui avait déjà vaincu les Lydiens, Cyrus, défait les Babyloniens, attaque leur roi *Nabonide* ou *Balthazar,* assiége la capitale de l'Assyrie, où ce Balthazar s'était renfermé ; donne un exemple qui seul devrait l'immortaliser, ordonne que les laboureurs soient respectés par son armée, et, profitant avec habileté de la confiance insensée avec laquelle Balthazar, au lieu de donner les ordres nécessaires et de prendre les précautions que sa situation exige, ne cesse de se livrer aux plaisirs, aux fêtes et aux festins nocturnes, entreprend de détourner l'Euphrate, en jette les eaux dans le grand lac que Nitocris n'avait pas creusé pour la ruine de ses États, pénètre dans la ville par le lit du fleuve resté presque à sec, et voit tomber sous sa puissance cette Babylone si fameuse et tous les pays auxquels elle commandait.

L'empire des Perses et des Mèdes succède au second empire d'Assyrie, plus de quatre siècles avant l'ère chrétienne. Qu'avaient été cependant, avant cette époque, ces Perses que Cyrus élève à tant de renommée?

Dès le temps d'Abraham, et par conséquent près de deux mille ans avant l'ère vulgaire, les Perses étaient réunis en corps social; leur chef ou roi, nommé *Codorla Homor,* conquiert *Gomor* et *Sodome,* et défait cinq rois voisins de ces contrées. Mon savant confrère, M. Latreille, de l'Académie des sciences, croit, et ce que je vais rappeler d'après lui est important à remarquer pour éclaircir un grand nombre d'obscurités de l'histoire et en rectifier plusieurs erreurs ; M. Latreille, dis-je, pense que la Perse méridionale a été dans le temps nommée *Éthiopie*, et peut-être même *Égypte*. Ce nom d'*Éthiopie*, donné aussi à l'ancienne *Colchide*, et qui vient d'*éthiops*, noir, serait une des preuves de l'ardeur du climat de cette Colchide et de la Perse vers l'origine des sociétés humaines, expliquerait plusieurs mythologies, récits voilés d'antiques phénomènes, et se lierait avec la couleur noire que nous croyons être celle des premiers habitans de ces contrées.

Le premier empire de Perse, qui peut-être s'étendait sur une partie de l'Inde, portait le nom d'*Élam*. Ses institutions, ses habitudes et sa religion étaient les mêmes, selon un savant Anglais, que ceux des Asiatiques qui vivaient à l'orient de l'Indus. Le *zend* des anciens Médo-Perses, dont le docteur Leyden a écrit que l'alphabet a été dû à *Deva-nagari*, ainsi que les caractères des anciennes inscriptions persépolitaines, est un dialecte du sanscrit des Indiens ; le *pali* et le *pracrit,* employés dans le même empire, sont des dialectes de la même langue indienne.

Zoroastre donne des lois religieuses aux anciens Perses, et introduit parmi eux l'étude de plusieurs sciences. Il est le chef des *mages* que l'on a nommés les *sages;* il veut que l'on conserve dans la Perse un feu perpétuel, en l'honneur de la divinité dont il le regarde comme le symbole. Ses disciples, en présence de ce feu consacré et se tournant vers le soleil, déclarent qu'ils n'adorent ni l'un ni l'autre, et que tous leurs hommages sont pour un seul dieu, que le soleil et le feu rappellent, pour *Oromaze,* qu'ils honorent comme le *principe de tout bien,* pendant qu'*Orimaze* est le *principe de tout mal.*

On a donné le nom de *guèbres* aux sectateurs de Zoroastre, qui ont conservé dans la Perse le culte de leur maître, altéré par l'ignorance et par le temps. Ces guèbres, vers la fin du huitième siècle, vont de nouveau dans le Guzarate, y bâtissent une ville, y établissent un *pyrée* pour la conservation de leur feu religieux.

La langue des mages, représentés par les guèbres, était le sanscrit : le *Zend-avesta* renferme leurs opinions ; le *Pazend* ou commentaire des ouvrages de Zoroastre, a été écrit en *pahlavi*, branche du chaldéen, introduite en Perse ; mais la langue vulgaire de la Perse, lorsque ce royaume a été conquis par les Mahométans, était le *parsi*, dialecte du sanscrit et qui s'est ensuite mêlé avec l'arabe.

Avant que les Mèdes n'obéissent au même gouvernement que les Perses, et après la destruction du premier empire des Assyriens, ces Mèdes n'avaient pas de monarque ; ils composaient une sorte de république : mais comme elle etait mal organisée à une époque si éloignée des lumières relatives à la nature et aux effets de divers gouvernemens, ils éprouvèrent des troubles et des désordres

qui leur firent désirer un roi, et ils élurent
pour leur chef suprême *Déjocès,* qui leur
avait rendu de grands services. Ce nouveau
monarque bâtit *Ecbatane,* l'entoura de sept
enceintes de murailles, se renferma dans la
plus intérieure, s'entoura de gardes, ne permit d'approcher de lui qu'à un très-petit
nombre de Mèdes, et adopta ou contribua à
établir ces usages des despotes de l'Orient, qui,
en les éloignant de leurs sujets, en les pri-
vant de leur affection, en les laissant exposés
aux erreurs les plus funestes, ont concouru
avec tant d'influence aux catastrophes tragiques éprouvées par ces souverains si forts
en apparence et si faibles en réalité.

Plus de six cents ans avant l'ère vulgaire,
Cyaxare, le fils du successeur de Déjocès,
marche contre les Assyriens pour venger son
père tué au siége de Ninive, les défait dans
une grande bataille, va défendre son pays
attaqué par les Scythes, les chasse de ses
États, fait la guerre au roi de Lydie, marie

son fils Astyage avec la fille du monarque ly-
dien, prend Ninive, la ruine de fond en comble
et s'empare d'une grande partie de l'Assyrie.

Les Mèdes étaient braves ; mais comme
chez tous les peuples orientaux et esclaves,
les riches et ceux qui s'appelaient *grands,*
parce qu'ils exerçaient une portion de la tyrannie, étaient fameux par leur luxe, la ri-
chesse, les vives couleurs et les broderies de
leurs longues robes, la recherche de leurs
tiares ou bonnets, le fard avec lequel ils
voulaient cacher leur laideur ou ajouter à
leur beauté ; les pierres précieuses qui ornaient
leurs bracelets, leurs colliers et leurs chaînes
d'or ; la profusion des mets qui couvraient
leurs tables, leurs débauches, leur ivresse
fréquente, leur emportement pour la joie
bruyante des festins, la danse et la chasse ;
le soin avec lequel ils réunissaient dans de
grands parcs, suivant Xénophon, des cerfs,
des sangliers et même des panthères et des
lions ; les tapisseries qui décoraient leurs ap-

partemens, et les couleurs et la dorure qui distinguaient l'extérieur de leurs vastes habitations, comme les murs d'Ecbatane, dont les sept enceintes étaient d'autant plus élevées, qu'elles étaient plus intérieures, et des crénaux desquelles Hérodote a dit que les premiers ou les plus extérieurs étaient blancs, les seconds noirs, les troisièmes pourpres, les quatrièmes bleus, les cinquièmes orangés, les sixièmes argentés et les septièmes dorés.

Astyage succède à Cyaxare. Sa fille *Mandane* épouse le perse Cambyse; Cyrus naît de ce mariage: son grand-père l'associe à sa puissance, et les destinées de l'Asie mineure, de l'Assyrie, de la Perse et de plusieurs autres grandes contrées orientales, vont recevoir l'influence de ce prince si célèbre, sur l'éducation duquel les anciens et les modernes ont tant écrit, et dont le génie devait produire de si grands événemens.

Les Phrygiens s'étaient distingués parmi les nations de l'Asie mineure par leurs suc-

cès dans le commerce. On leur a attribué
l'invention ou le premier usage des chariots
à quatre roues, destinés à transporter les
marchandises ; c'est au commerce que leurs
rois devaient leurs grandes richesses. Les
Cariens, leurs voisins, s'étaient adonnés à la
navigation presque dès le commencement de
leur réunion politique ; mais on a écrit qu'au
lieu de parcourir les mers pour le commerce,
de même que les Phrygiens, ils s'étaient fait
redouter par leurs pirateries. Ces Cariens, ces
Phrygiens, comme les Lydiens et presque
tous les peuples de l'Asie mineure, étaient
soumis à Cyrus, vainqueur de Babylone.

La Syrie, dans les temps très-anciens,
était divisée en un fort grand nombre de peuplades ou de petits États. Chaque ville, pour
ainsi dire, avait son chef et formait un
royaume. Ces petits monarques, si rapprochés l'un de l'autre, avaient presque toujours
les armes à la main, pour se défendre contre
leurs voisins ou pour les attaquer.

Vers le onzième siècle avant l'ère chrétienne, un roi de Damas, nommé *Adad*, subjugua plusieurs petits princes et régna sur une grande portion de la Syrie. La Bible parle souvent de ce roi de Damas, et compte jusques à trente rois qui marchaient sous ses ordres. Son despotisme et celui des chefs qu'il n'avait pas réduits à lui obéir, s'exerçaient sur des peuples que l'habitude des guerres avait rendus belliqueux. Mais les Syriens avaient conservé, dans plusieurs de leurs contrées, l'habitude de réunir de nombreux troupeaux; ils étaient aussi agriculteurs, et dans leurs plaines ou leurs vallées, rendues si fertiles par la nature des terres, la chaleur du climat, et les eaux de l'*Oronte* et des autres fleuves ou rivières qui les arrosaient, ils cultivaient plusieurs plantes potagères, ainsi que plusieurs fruits, avec tant de succès, que Pline parle de la réputation qu'ils s'étaient acquise par leur habileté dans le *jardinage*.

Deux grandes causes de la prospérité de

l'agriculture manquaient néanmoins aux Syriens : la sûreté des personnes et celle des
propriétés. Les souverains faibles ou puissans
semblaient ne regarder les domaines patri-
moniaux que comme une possession temporaire, abandonnée à leurs sujets par leur
volonté absolue, et pouvant être retirée suivant leurs passions ou leurs caprices. Ces tyrans réglaient seuls la nature et la quotité
des impôts qu'ils établissaient dans leurs
États, comme celle des tributs qu'ils exigeaient
des peuplades vaincues : ces contributions
étaient levées sur les personnes, sur les mois-
sons, sur les vignes, sur les troupeaux, sur le
sel, sur tous les revenus, sur les produits de
l'industrie; et combien l'exercice de l'autorité
absolue, excitant un ressentiment terrible
parmi les opprimés, produisit d'assassinats,
d'empoisonnemens, d'insurrections et de bou-
leversemens, qui renversèrent, ensanglantè-
rent les trônes et les dynasties !

Une partie considérable de la Syrie maritime et méridionale a été connue sous le nom de *Pentapole*, à cause des cinq États qui l'ont composée à diverses époques, et dont chacun était régi par un chef lié avec les autres par des obligations plus ou moins grandes : cette *Pentapole* était le pays des *Philistins*.

Mais un des peuples les plus célèbres de ceux qui ont habité la Syrie, est celui de Tyr et de Sidon ou de la Phénicie. Les Sidoniens se hasardent des premiers sur la Méditerranée ; ils emploient leurs bâtimens au transport de tous les objets d'un commerce qui s'étend chaque jour davantage, et même leurs flottes se montrent avec plus ou moins d'avantages dans les guerres maritimes dont la Méditerranée est le théâtre. On les nomme *Chananéens,* qui signifie *marchands* dans plusieurs contrées orientales ; leurs habitudes maritimes et commerciales, et le besoin de rechercher tous les moyens d'obtenir des succès dont dépendent leur prospérité et même

leur existence, les portent à cultiver avec soin
la science des calculs, la géométrie, la mécanique, la géographie, l'astronomie, et le talent de suppléer à la boussole, dont ils n'ont
aucune idée, par l'observation de la position
des étoiles.

Les Sidoniens, Chananéens ou Phéniciens
forment des établissemens dans l'île de Chypre, dans celle de Rhodes, dans la Grèce,
dans la Sicile, dans la Sardaigne, dans la
Gaule méridionale et dans le midi de l'Espagne; ils se hasardent au milieu du détroit
qui sépare l'Europe de l'Afrique, pénètrent
dans l'Océan, débarquent sur des rivages occidentaux de l'Espagne, y laissent des colonies, y fondent des villes, en construisent
une dans l'île de Cadix, la nomment *Gadir*,
et en font un entrepôt, où ils placent ce qu'ils
apportent de l'Asie et ce qu'ils reçoivent de
la Bétique et des autres contrées espagnoles.
Ils donnent aux Espagnols, encore très-voisins
de l'état sauvage, de l'huile et quelques autres

substances qui manquaient à ces habitans de
la péninsule, et en revenant en Asie ils
chargent leurs navires d'une grande quantité
d'or et surtout d'argent ; ils emportent aussi
de l'Espagne, suivant Diodore, Pomponius
Mela, Strabon et Pline, de la cire, du miel,
de la poix, du vermillon, du fer, du plomb,
du cuivre et de l'étain.

Ils parcourent une partie de la côte occidentale de l'Afrique, et Strabon a écrit qu'ils
y avaient bâti quelques villes.

Depuis long-temps ils avaient remplacé
les radeaux, les pirogues et les autres bateaux des premiers navigateurs, par de
grandes barques ou des vaisseaux garnis de
mâts et de voiles : ces bâtimens étaient longs
et pointus lorsqu'ils étaient destinés à guer-
royer sur la mer et à défendre les côtes de
la Phénicie ou celles de ses colonies ; mais ils
étaient très-larges lorsqu'on ne devait que
les charger de marchandises. L'obligation de
se rapprocher souvent des rivages, avait dé-

terminé les Phéniciens à laisser à leurs vaisseaux un fond plus ou moins plat, qui tirait
très-peu d'eau, et comme cette construction
rendait ces bâtimens, privés de la résistance
de l'eau de mer contre une carène profonde,
plus difficiles à gouverner, les Phéniciens
avaient, pour diriger leurs courses, deux ou
trois et même quelquefois quatre gouvernails,
placés de différens côtés du navire, et dont
on a écrit que la forme ressemblait à celle
d'une rame longue et très-large.

La ville de Tyr se forme, et son commerce
et la culture des arts qu'il introduit ou fait
naître, conserve ou perfectionne, lui méritent
bientôt une grande renommée, et lui donnent
l'empire sur toute la Phénicie et même sur
Sidon. *Hiram*, roi de Tyr, traite avec Salomon, qui recherche son alliance, et lui pro-
cure, pour la construction du temple de Jérusalem, des bois de cèdre, de l'or, de l'argent
et des ouvriers habiles.

Les Iduméens, ces peuples de la Syrie,

qui avaient des ports sur la mer Rouge, faisaient sur le golfe d'Arabie et sur les mers
voisines un commerce analogue à celui des
Phéniciens ; ils avaient dû, comme les habitans de la Phénicie, suppléer à la stérilité de
leurs champs et de leurs sables par une industrie très-active ; ils envoyaient les produits de
leurs navigations aux Tyriens, qui leur ap-
portaient ou leur faisaient parvenir, comme
aux Juifs, aux Arabes, aux Babyloniens et
aux Perses, leurs étoffes, leurs tapis, leurs
voiles brodés, leur verre et la pourpre, qu'ils
retiraient d'un des mollusques testacés de
leurs rivages.

Au milieu de leurs opérations commerciales et des divers emplois de leurs richesses,
les Tyriens cultivaient les arts qui ajoutaient
à leurs plaisirs et donnaient un charme de
plus aux voluptés. Les prophètes des Juifs
ont parlé de leurs concerts, de leurs harpes
et des autres instrumens qu'ils aimaient à
entendre ; des courtisanes, selon ces pro-

phètes, parcouraient les villes en chantant et en s'accompagnant avec une espèce de luth.

Ils employaient surtout la musique dans leurs fêtes religieuses; et quels étaient leurs dogmes, leurs croyances, leurs traditions et leur culte? Écoutons *Sanchoniaton*, ce célèbre historien de la Phénicie, qui vivait plus de douze siècles avant l'ère vulgaire. Le chaos avait été le principe de l'univers, qui n'a aucune borne; l'esprit ou le souffle de l'air, éternel comme le chaos, devient amoureux des élémens, s'unit à eux, et les êtres créés commencent : les germes de la reproduction sont répandus partout; la lumière paraît; les astres se montrent; les eaux de la terre enflammée montent dans l'air et retombent; les animaux vivifiés s'agitent : le vent et la nuit engendrent les hommes; la chaleur dévore la terre; on implore l'astre qui la donne : bientôt les champs sont cultivés; les arts naissent; la terre se civilise; *Kronos* ou le temps, fils d'*Uranos* ou le ciel, et époux d'*Astarté*, bâtit la ville de Biblos.

Les Syriens et les Phéniciens rendent des hommages aux astres, aux principes de la fécondité, à tous les bienfaiteurs de l'homme, aux inventeurs des arts, au divin *Æon*, qui avait tiré des arbres une nourriture salutaire; à *Génos*, fils d'Æon, qui avait montré l'usage du feu; à *Upsouranios*, qui avait appris à se servir des joncs, à réunir des roseaux, à construire une cabane; à *Ousos*, qui s'était revêtu de la peau d'un animal qu'il avait vaincu et avait osé braver les flots sur un tronc d'arbre creusé.

Ils invoquent l'air et le feu; mais le soleil et la lune sont au rang de leurs divinités les plus puissantes. Ils nomment le soleil *Beel-samen* ou *Baal-samen*, la *divinité des cieux*. La lune est *Astarté*, son épouse, la déesse de la fécondité. On la représente avec des cornes de génisse; on lui immole de

jeunes béliers ou de jeunes taureaux; ses
temples sont, dans les premiers temps, des
forêts ou des bocages; les femmes lui rendent
hommage en se prostituant et en travaillant
ainsi à la reproduction. C'est l'*Aphrodite* ou
la Vénus des Phéniciens; elle est aussi pour
eux la déesse de la navigation. Ils nommaient
le soleil *Adonis;* ils célébraient l'espèce de
résurrection qu'il paraît éprouver après le
solstice d'hiver, et celle qu'il éprouve après
avoir, sous une forme humaine, reçu la
mort d'un sanglier furieux. Ils rappelaient
en même temps la douleur d'Astarté lorsqu'elle croit perdu son Adonis, et les trans-
ports de sa joie lorsqu'il lui est rendu : Astarté et Adonis étaient pour eux comme *Isis*
et *Osiris* pour les Égyptiens.

Un temple d'une grande étendue et d'une
magnificence extraordinaire avait été élevé à
Hiérapolis. L'or brillait sur les portes, sur
les murs et sur la voûte; des statues d'or
étaient placées dans le sanctuaire; au milieu

de ces images de différentes divinités, on ne voyait que le trône du soleil, parce que les Syriens ne représentaient pas par des statues les dieux qui se manifestent aux regards des mortels ; des odeurs suaves s'exhalaient de toutes parts : la Cilicie, la Cappadoce, les contrées voisines de l'Euphrate, l'Arabie, y envoyaient de riches tributs.

Le fanatisme répand aussi le sang humain en l'honneur des dieux de la Syrie et de la Phénicie, et ces horribles sacrifices ne cessent dans les grandes calamités, que lorsque les Perses, vainqueurs des Syriens, acquièrent une gloire immortelle en défendant ces abominations.

On a compté parmi les contrées syriennes, la Judée et le pays de Samarie.

C'est dans ces régions devenues si fameuses pour la plupart des nations de la terre, que commence le peuple hébreu. *Abraham*, son auteur, vient des bords de l'Euphrate s'établir avec sa femme, ses serviteurs et ses

troupeaux, dans les campagnes qui s'éten-
dent vers le midi de la Syrie, entre la Méditerranée et le Jourdain. Les livres sacrés
de la religion chrétienne renferment l'histoire
du peuple qui descend de cet Abraham, adorateur fidèle de *Jéhova*, l'Être tout-puissant,
le seul Dieu, le maître de la nature entière.
En lisant cette histoire, on voit Abraham
recevoir de Dieu l'ordre de soumettre à la
circoncision tous les mâles de sa race, élever
un autel rustique au grand Être qui le comble de ses bienfaits, immoler sur cet autel de
la reconnaissance, une tourterelle, un pi-
geon, une génisse, une chèvre et un bélier,
planter un bois et le consacrer au Très-Haut.

Les enfans d'Abraham prospèrent. *Joseph*,
son arrière-petit-fils, vendu à des étrangers
par des frères jaloux, transporté comme esclave en Égypte, y parvient au faîte de la
puissance, gouverne ce royaume, y attire
non-seulement son vieux père *Jacob*, fils
d'Isaac, et qui l'avait cru mort, mais encore

ses frères, qu'il n'a pas cessé de chérir et auxquels il pardonne, et il les fait suivre de leurs familles et de leurs serviteurs.

Leur postérité se multiplie dans la Basse-Égypte, mais y vit dans la servitude. *Moïse,* un des fils des Hébreux, est élevé dans toutes les sciences des Égyptiens : voyant ses compatriotes victimes des plus cruels traitemens, il forme le projet héroïque de les délivrer, les rassemble, se met à leur tête, repousse les Égyptiens qui veulent les retenir dans l'opprobre et l'esclavage, traverse l'extrémité de la mer Rouge, s'enfonce dans les déserts de l'Arabie avec le peuple qu'il a sauvé et qu'il conduit, s'élève jusqu'au sommet du mont *Sinaï* au milieu d'un violent orage, y reçoit du Dieu qui protège si puissamment les Hébreux, la loi divine conservée jusqu'à nos jours, et qui sous le nom de *Décalogue,* renferme les commandemens sacrés adoptés par le christianisme sur la surface entière de la terre. Il compose et donne aux Hébreux les cinq livres connus sous le nom de *Pentateuque*, et dans lesquels il règle, au nom de Dieu, toutes les cérémonies, tous les rites et toutes les obligations du culte du Très-Haut, et tous les devoirs et les droits de la tribu de Lévi, qu'il consacre à l'observation de ces rites et de ces cérémonies, et à la tête de laquelle il place *Aaron* comme souverain pontife.

Le commandement des Hébreux armés est donné à *Josué* par Moïse: tous les rois ou chefs de tribus arabes qui veulent s'opposer au passage des Hébreux, sont vaincus, exterminés ou mis en fuite, après des combats plus ou moins nombreux.

Moïse meurt près de quinze siècles avant l'ère vulgaire, au moment où les Hébreux vont, après un très-grand nombre de travers, de dangers et d'obstacles sans cesse renaissans, traverser le Jourdain et arriver dans la terre qui leur est promise. Josué succède à ce prophète qui parlait au nom

du Ciel avec tant de succès, à ce législateur
si extraordinaire, à cet homme d'un caractère si élevé au-dessus de la faible humanité, et si digne de son immense et si longue
renommée. Il passe le fleuve, s'avance de
victoire en victoire, défait le roi de Jérusalem et tous les autres rois ou chefs qui lui
résistent, et avant la fin de six années, a
soumis aux Hébreux une grande partie de
la terre de Chanaan.

Les Hébreux ou Juifs sont gouvernés par
des *juges* pendant plus de trois siècles.
Combien de fois ils ont à combattre contre
les rois ou généraux de la Mésopotamie, des
Moabites, des Chananéens, des Madianites,
des Ammonites et des Philistins, peuples
divers dont la victoire les force quelquefois
à subir le joug pendant plusieurs années !

Samuël, juge et grand-prêtre, gouver-
nait les Juifs lorsqu'ils demandèrent un roi
comme ceux des nations voisines. En vain
il leur peignit avec force toutes les calami-

tés qu'ils éprouveraient sous le commandement d'un despote. Ils persistèrent dans leur
demande; Samuël donne l'onction royale à
Saül, de la tribu de Benjamin.

Ce nouveau monarque défit les Amalécites et quelques autres peuples; *David,* son
gendre, lui succéda. Samuël l'avait sacré
dans un champ où il l'avait trouvé gardant
les troupeaux de son père, de la tribu de
Juda. David avait vaincu le redoutable Go-
liath, les autres Philistins et les Amalécites,
et souvent il avait calmé, en jouant de la
harpe, les agitations et les fureurs qui tour-
mentaient Saül, lorsqu'un funeste égarement
troublait l'esprit de ce prince. Proclamé roi
des douze tribus des Hébreux ou d'Israël, et
sacré de nouveau, il se rendit maître de la
forteresse de *Sion,* fit de Jérusalem la capitale de son royaume, remporta une nouvelle victoire sur les Philistins, vainquit les
Moabites, soumit une grande partie de la
Syrie, eut neuf épouses et plusieurs femmes

du second rang, ne put résister aux séductions de la toute-puissance, céda à une passion violente, fit périr le mari de Bethsabée
qu'il aimait, composa un grand nombre de
psaumes ou cantiques, monumens d'une
poésie souvent sublime, et que, depuis près
de trois mille ans, les Juifs et ensuite les
chrétiens n'ont cessé de chanter dans leurs
temples; et laissa, en mourant, un nom que
les orateurs du christianisme ont donné
comme un titre d'honneur à tous les rois
qu'ils ont voulu le plus exalter.

Salomon, fils de David et de Bethsabée,
fut couronné roi des Juifs pendant la vie de
son père; épousa une fille du roi d'Égypte,
éleva dans Jérusalem un temple fameux,
pour la construction duquel Hiram, roi de
Tyr et son allié, lui procura des cèdres;
fit bâtir auprès du temple un palais pour
lui et pour ses femmes, obligea plusieurs
peuples à lui payer un tribut, étendit ses
États jusqu'à l'Euphrate, eut sur la mer

Rouge des flottes qui allaient chercher de l'or sur les côtes orientales de l'Afrique et sur les rivages occidentaux de la péninsule de l'Inde, entretint sept cents femmes et trois cents concubines, oublia dans un âge avancé le Dieu auquel il avait consacré le temple dont on vantait la magnificence, brûla de l'encens devant les autels d'Astarté, de Moloch et de Chamos, et cependant il conserva une réputation de sagesse qui a traversé près de trente siècles, parce qu'on lui a dû ses *Proverbes* et l'*Ecclésiaste,* deux ouvrages de morale que les chrétiens ont placés parmi les livres *canoniques,* et parce que la *Bible* dit qu'il avait été auteur de trois mille paraboles, de quinze cents cantiques, et de divers traités sur les plantes, les quadrupèdes, les oiseaux, les reptiles et les poissons.

Après la mort de Salomon, dix tribus d'Israël se séparent de *Roboam* son successeur, qui ne veut pas diminuer les impôts qui les accablent; et *Jéroboam*, leur chef, fonde le royaume de Samarie, dont il est le monarque.

Ce royaume de *Samarie* ou d'*Israël*, et celui de *Jérusalem* ou de *Juda*, sont presque toujours armés l'un contre l'autre, ou contre les Syriens de Damas, les Philistins, les Iduméens, les Arabes ou d'autres nations plus ou moins puissantes qui, dans plusieurs circonstances, leur font éprouver d'horribles fléaux.

Ils sont d'ailleurs presque toujours gouvernés par des tyrans cruels, qui se souillent de tous les crimes, leur font abandonner le culte du Très-Haut, et ne siégent que sur des trônes teints du sang de leurs prédécesseurs, que souvent ils ont immolés. Quel affreux tableau de tous les malheurs et de tous les forfaits qu'engendre le pouvoir absolu! Ces spectacles hideux se succèdent pendant près de deux siècles. Le roi d'Assyrie détruit alors le royaume d'Israël.

721
av. l'ère
vulgaire.

Celui de Juda subsiste encore; mais quatre de ses rois sont vaincus, chargés de chaînes et emmenés prisonniers ou mis à mort; *Joachas*, par le roi d'Égypte; *Manassès*, *Joachim* et *Jéchonias*, par celui d'Assyrie. *Sédécias*, mis sur le trône par Nabuchodonosor, veut recouvrer l'indépendance de son royaume. Le roi d'Assyrie investit Jérusalem, la prend après un long siége, fait égorger les enfans du monarque juif en présence de leur père, ordonne qu'on crève les yeux à Sédécias et le conduit à Babylone, où ce prince meurt dans les fers. Un grand nombre de Juifs sont emmenés captifs sur les bords de l'Euphrate. La Judée est couverte de ruines; et c'est à cette époque que commence la captivité des Hébreux, que les livres sacrés des Juifs et des chrétiens ont rendue si fameuse.

Le prophète *Jérémie* avait annoncé ces malheurs à ses compatriotes. Ses *Lamentations* et ses autres ouvrages sont conservés avec respect par les Églises chrétiennes. On y admire les expressions touchantes, fortes et sublimes de la douleur que lui fait éprouver le sort de sa patrie.

Avant lui, *Isaïe* avait adressé aux Juifs des exhortations, des discours, des prophéties, où l'éloquence orientale se déploie avec tant d'énergie et une si grande élévation, que les chrétiens ont cru devoir comparer à son génie celui des orateurs sacrés pour lesquels ils ont eu le plus d'admiration.

Paraissent aussi *Ézéchiel* et plusieurs autres prophètes qu'anime un zèle ardent pour le culte du Très-Haut, les lois de Moïse et le salut de leur patrie; et le jeune *Daniel*, ainsi que *Baruch*, disciple de Jérémie, remplissent leur ministère consolateur à Babylone, au milieu de leurs frères captifs.

Le grand Cyrus rend la liberté aux Juifs; il veut que *Zorobabel*, qui est de la famille des rois de Juda, aille rebâtir le temple de Jérusalem. *Néhémie* relève, plusieurs années après, les murs de cette capitale ; et *Esdras*, un des prêtres des Juifs, va porter au temple reconstruit par Zorobabel, des présens du roi des Assyriens. *Artaxercès* dit *Longue-main*, ou *Assuérus*, recueille avec beaucoup de soin les livres canoniques de son culte, les revoit, et mérite d'être nommé, par les Hébreux, *le prince des docteurs de la loi.*

Cambyse, fils et successeur de Cyrus, attaqua l'Égypte. La valeur et la discipline de l'armée qui avait été commandée par Cyrus, et que tant de conquêtes avaient rendue fameuse, soumirent les Égyptiens. Mais, fils indigne d'un grand monarque, Cambyse fut un tyran atroce ; sa cruauté s'enflamme au point de devenir une affreuse frénésie, et il immola son frère *Smerdis.* Un mage qui ressemblait à ce malheureux frère, prétendit être Smerdis échappé au trépas, et régna pendant quelques mois, sous son nom, après la mort de Cambyse ; mais sa fourberie fut découverte : on le mit à mort, et *Da-*

rius, fils d'*Hystaspe,* monta sur le trône : il fit la guerre aux Grecs, ainsi que son fils *Xerxès* et d'autres de ses successeurs. Les victoires éclatantes de ces Grecs, si admirables et si admirés, remportées contre le grand empire des Perses, auraient seules immortalisé leur nom ; et nous les verrons, sous la conduite d'*Alexandre,* détruire cet empire fondé par Cyrus, et qui, n'étant protégé ni par le génie de ce grand homme, ni par aucune véritable institution, ne peut opposer aux héroïques enfans de la Grèce que des chefs énervés par leurs richesses et une multitude sans énergie.

Plus de quinze siècles avant la destruction de l'empire de Cyrus, le royaume d'Argos commençait d'exister dans le Péloponèse. Des *Scythes, Goths* ou *Gètes,* anciens habitans de la Mysie, de la Carie, de la Lydie et de la Phrygie, s'étaient embarqués sur des radeaux, ou sur des troncs d'arbres creusés, ou sur des barques grossièrement construites, avaient affronté la mer, et, vraisemblablement après plusieurs relâches, étaient arrivés sur les côtes du Péloponèse, et s'étaient emparés d'une grande partie de cette péninsule. Ce sont ces Scythes, ces Goths, ces Gètes, qui ont été nommés *Pélasges*. Ils formaient une réunion de demi-sauvages, chasseurs dans les forêts, brigands dans ces bois immenses, lorsqu'ils pouvaient user de leur force contre de malheureuses victimes, ou pirates, lorsque leurs souterrains, leurs grottes ou leurs cabanes étaient plus rapprochés des rivages maritimes. Leurs premiers chefs tâchent de leur donner de nouveaux rapports, de les attacher à leur territoire, de diminuer leurs dangers, de les unir par les sentimens et les habitudes que donnent les liaisons sociales, de les radoucir par des travaux paisibles, de substituer la culture sédentaire de végétaux nutritifs à des courses sanglantes et souvent répétées.

Inachus, que l'on a cru Égyptien, était à leur tête plus de dix-huit cents ans avant l'ère vulgaire. Sous le commandement et par l'influence de son fils, des cabanes furent construites en assez grand nombre, pour que la ville d'Argos commençât d'exister.

Tâchons de suivre les progrès de la civilisation dans cette Grèce qui devait les porter à un si haut degré; et séparons avec soin, d'avec les faits historiques, les fables inventées par la reconnaissance, l'admiration, les opinions religieuses, les idées relatives à l'immortalité, les intérêts de certaines familles, l'esprit de quelques castes et l'orgueil des divers peuples.

Des chants et des hymnes proclamaient, dans ces temps si voisins de l'état de nature, les traditions et les usages qui devenaient des règles, et les ordres des chefs qui appliquaient ou modifiaient ces sortes de lois: les décisions des vieillards ajoutaient à cette espèce de législation naissante. Les engage-

mens se contractaient verbalement devant
des témoins, dont la mémoire était le dépôt
de ces obligations. Le pouvoir paternel était
grand, surtout pendant la première jeunesse
des enfans. Les contestations étaient jugées
dans les places publiques par le chef ou roi
de la peuplade, ou par ses délégués, ou par
des pères de famille, ou par les hommes
les plus âgés ; et dans certaines circonstances, par la peuplade entière.

Près de cent ans après Inachus, *Ogyges*
régnait auprès d'Argos, sur l'*Ogygie* et sur
l'*Acté*, nommés dans la suite *Béotie* et *Attique* : il fonda *Thèbes* et *Éleusis*. Un déluge remarquable et une inondation fameuse
eurent lieu sous son règne.

Une nouvelle dynastie s'établit à Argos.
Sésostris, ce roi si fameux de l'Égypte,
avait laissé à son frère *Armaïs* le gouvernement de son royaume, pendant qu'il était
allé conquérir la Phénicie, l'Assyrie, la
Médie et d'autres contrées asiatiques. Ar-

maïs ayant voulu usurper la couronne pendant l'absence de son frère, Sésostris interrompit ses conquêtes, revint en Égypte et en chassa Armaïs. Ce frère du conquérant emmena avec lui un nombre plus ou moins grand de ses compatriotes, arriva dans le Péloponèse, enleva à *Gélanor*, descendant d'Inachus, le royaume d'Argos, et y fut le chef d'une nouvelle dynastie. Les Grecs l'ont connu sous le nom de *Danaüs*, et ont mêlé plusieurs fables à l'histoire de sa vie; ils connaissaient son frère sous le nom d'*Égyptus*. Danaüs, suivant un savant Anglais, donna aux Pélasges la mythologie et les mystères des Égyptiens; il ajouta à leur civilisation, et ces Pélasges se répandirent dans presque toute la Grèce, la Thessalie et la Macédoine. Leur langue, très-voisine de celle des Gètes dont ils descendaient, avait de grands rapports avec celle des anciens Perses et avec le sanscrit des Indiens.

Lelex venait de commencer la réunion

II. 7

des habitans de Sparte ou Lacédémone; et trois ans avant cette origine de Sparte, *Cadmus*, fils d'*Agénor* roi de Phénicie, avait élevé les premières habitations de Thèbes en Béotie : il introduisit dans cette Béotie une partie de la civilisation phénicienne, et, indépendamment des fables dont il a été l'objet, il devait inspirer une grande reconnaissance à la Grèce pour les lettres simples de l'alphabet, qu'il fit adopter par ses contemporains.

Plus de soixante ans avant Cadmus, Lelex et Danaüs, l'Égyptien *Cécrops* avait fondé ou augmenté la réunion d'habitations, et vraisemblablement de cabanes, qui devait devenir la belle ville d'Athènes; et le même siècle vit commencer ou s'accroître Athènes, Thèbes, Lacédémone et Argos.

Vers le même temps une grande inondation couvrit la Thessalie où régnait Deucalion; et ce déluge, ainsi que celui d'Ogygès, doit étonner d'autant moins que la plupart des fleuves de la Grèce, bien plus considérables il y a plus de trois mille ans que de nos jours, coulent dans des vallées resserrées par des montagnes très-hautes et qui, aux époques des deux déluges d'Ogygès et de Deucalion, devaient être plus élevées que maintenant.

Les Grecs ont fait un grand éloge d'*Amphyction*, fils de Deucalion et roi de Thessalie et des Thermopyles, en supposant qu'il avait vu la nécessité de fédérer les petits États de la Grèce pour la paix de leur intérieur et pour leur sûreté commune contre des invasions étrangères, et en le regardant comme le fondateur de la réunion des *amphyctions*, que l'on a considérée comme le conseil général de la Grèce. Cette assemblée était composée de députés de douze peuples ou cités. Chaque peuple en nommait deux ou plusieurs qui n'avaient que deux voix. Un de ces députés était chargé de ce qui concernait la religion, et l'autre prononçait sur les contestations de ceux qui venaient honorer ou consulter les dieux. Ce conseil se réunissait chaque automne aux Thermopyles, et chaque printemps à Delphes, où un temple consacré à Apollon et un oracle célèbre attiraient les hommages de tant de Grecs et d'étrangers. Après quelque temps l'assemblée des Thermopyles fut transférée à Delphes.

Voici le serment que prêtaient les amphyctions : « Nous jurons de ne jamais ren-
« verser les villes amphyctioniques, et de
« ne jamais détourner, soit pendant la
« paix, soit pendant la guerre, les sources
« nécessaires à leurs besoins. Si quelque
« puissance ose l'entreprendre, nous mar-
« cherons contre elle, et nous détruirons
« ses villes ; si des impies enlèvent les
« offrandes du temple d'Apollon, nous
« jurons d'employer nos pieds, nos bras,
« notre voix, toutes nos forces contre eux
« et contre leurs complices »

Les transgresseurs de ce serment étaient dévoués à la vengeance d'Apollon, de Diane, de Latone et de Minerve.

Un autre fils de Deucalion, *Hellen*, mérite de donner son nom aux Grecs de sa patrie; et le nom d'*Hellènes*, adopté dans la suite des temps par tous les Grecs, devait être chanté par les poètes, recevoir la consécration du génie qui dispose de l'immortalité, rappeler l'héroïsme, le conserver, l'inspirer et l'accroître.

Dorus, fils d'*Hellen* et l'un des plus vaillans héros des Hellènes, établit une colonie auprès du mont Parnasse, et conquiert une grande partie du Péloponèse. Presque tous les peuples de cette péninsule sont nommés depuis cette époque *Doriens* et *Hellènes*.

Le *dialecte dorien* est porté dans le Péloponèse par Dorus; il y remplace l'*éolien*, que conservent cependant, avec les mystères égyptiens, les *Arcadiens* et les *Éléens*, qui gardent leurs territoires.

Les Pélasges *éoliens*, chassés de leur patrie par les Doriens, s'embarquent, vont au travers de nombreuses îles chercher un asile vers les contrées asiatiques d'où leurs ancêtres étaient venus dans la Grèce, établissent dans l'Asie mineure des colonies grecques qui devaient acquérir tant de richesses, et y répandent le *dialecte éolien*.

Combien de peuples ou de peuplades de la Grèce reçoivent des noms de leurs conducteurs, de leurs chefs ou de leurs bienfaiteurs! Les Athéniens et les Pélasges du nord du Péloponèse sont nommés *Ioniens*, à cause d'*Ion*, souverain d'Athènes; et leur dialecte est l'*ionien*. Ces mêmes Athéniens avaient été nommés *Cécropides*, après Cécrops leur fondateur; et le nom d'*Athéniens* l'emporta lorsque leur ville eut été consacrée à Minerve.

L'île de Crète tient son nom de *Crès* qui la gouverne, ou de *Crète*, sœur de *Crès*, ou de *Crétès* qui devient son roi, et dont la

fille épouse *Teuctame*, fils de *Dorus*, petit-
fils d'*Hellen* et arrière-petit-fils de *Deucalion*.

Ostérius, fils de Crétès, adopte trois fils
de sa femme *Europe*, *Minos*, *Rhadamanthe*
et *Sarpédon*.

Minos veut donner des lois à la Crète,
désire de les revêtir d'une sanction sacrée,
et les propose comme dictées par Jupiter.

Il prend les armes contre les Athéniens
pour venger la mort de son fils Androgée,
immolé par trahison après avoir vaincu tous
les athlètes des jeux célébrés à Athènes ; il
équipe une flotte considérable, remporte la
victoire et soumet les Athéniens à un tribut
de sept jeunes garçons et de sept jeunes filles,
que les vaincus s'engagent à lui livrer à des
époques déterminées. C'est auprès de Minos
que, suivant plusieurs historiens, *Dédale*,
habile mécanicien d'Athènes, va chercher
un asile avec son fils Icare, après avoir
donné la mort à son neveu, dont il était
jaloux : il avait inventé ou perfectionné l'art

de donner aux vaisseaux, par le moyen de voiles, des mouvemens qu'il maîtrisait.

Linus, le célèbre poète de ces temps antiques de la Grèce, vient s'établir à Thèbes; il était *Gète de Thrace.*

La musique étant à cette époque inséparable de la poésie, on attribue à Linus l'invention de la lyre ou son introduction dans la Grèce. On a prétendu aussi que, jusqu'à ce favori des dieux de la musique et de la poésie, les Thébains et les autres Grecs, qui se servaient de l'écriture phénicienne que Cadmus leur avait apportée, n'exprimaient pas, en écrivant, les voyelles qu'ils prononçaient en parlant, et que Linus avait le premier introduit dans l'écriture les signes de ces voyelles. Des tablettes de bois enduites de cire, et sur lesquelles on traçait les caractères avec un stilet de fer, suffisaient dans le plus grand nombre de circonstances. On gravait sur la pierre ou sur l'airain, c'est-à-dire le cuivre allié avec de

l'étain, les lois, les dates des grands événemens, et les traités dont on avait le plus
de besoin de perpétuer le souvenir.

Linus est, suivant les uns, le frère, et
suivant les autres, le maître d'Orphée, *Gète
de Thrace* comme lui, et peut-être de *Musée.* Combien de fois la poésie, la musique
et l'histoire ont célébré Linus, Musée et
Orphée, et les malheurs et la douleur cruelle
de cet Orphée, le chantre immortel de son
Eurydice !

Orphée se réunit à Jason, fils du roi de
Thessalie, pour une fameuse expédition maritime. Jason fait construire au pied du mont
Pélion le plus grand vaisseau qu'on eût vu
sortir des ports de la Grèce. Toutes les contrées voisines de la Thessalie retentissent du
bruit de l'expédition que Jason va tenter; il
veut pénétrer jusqu'aux rivages de la Colchide, ouvrir à ses compatriotes le commerce
du Pont-Euxin, et particulièrement de ce
royaume de Colchos, fameux par son or, ses

laines et d'autres objets précieux. Plusieurs
Grecs célèbres suivent l'exemple d'Orphée,
et partent avec Jason. Parmi eux on distingue *Lyncée*, observateur attentif du cours
des astres, et habile à reconnaître les écueils
et les bancs de sables cachés sous les flots.
Plusieurs bâtimens se réunissent à celui de
Jason ; et comme ce grand vaisseau a reçu
le nom d'*Argo*, on donne le nom d'*argo-
nautes* aux navigateurs audacieux qui vont
affronter une mer inconnue avec un art et
des moyens de naviguer aussi peu avancés
que ceux des Grecs à cette époque. Ils cou-
rent de grands dangers à l'entrée du Pont-
Euxin, au milieu des îles et des rochers auxquels on a donné le nom de *cyanées*, se trouvent ensuite exposés à d'autres périls, ne peuvent échapper à des aventures que les historiens et les poètes ont racontées avec un vif
intérêt, découvrent enfin le Caucase, ce mont
encore élevé de cinq mille six cent cinquante
mètres au-dessus du niveau de la mer, entrent

dans le Phase, mouillent auprès d'*OEa*, capitale de la Colchide, et parviennent au but de leur voyage surtout par le moyen de Médée, qui devient éprise de Jason.

Sous le règne d'Érechtée, roi d'Athènes, on voit s'établir à Éleusis le culte particulier et mystérieux de Cérès. *Vers 1420 ou 1430 av. l'ère vulgaire.*

Pélops, fils de *Tantale* roi de Phrygie, traverse la mer qui baigne les rives occidentales de l'Asie mineure, vient en Élide, épouse Hyppodamie, fille du roi OEnoméus, et devient si puissant que toute la presqu'île qui renferme l'Élide reçoit le nom de *Péloponèse* ou d'*île de Pélops*. *Vers 1390 av. l'ère vulgaire.*

Peu de temps après monte sur le trône de Thèbes cet OEdipe si fameux par ses aventures, ses exploits, ses crimes involontaires, son désespoir et les drames que lui ont consacrés deux grands poètes tragiques, l'un de la Grèce et l'autre de France.

Ce n'est pas à des époques très-éloignées de celle d'OEdipe qu'il faut rapporter trois autres héros, dont l'histoire a été si altérée par la fable, et si confondue par l'antique poésie avec la mythologie, que leurs véritables exploits contre des brigands féroces et dévastateurs ne peuvent être distingués que très-difficilement des suppositions poétiques et des croyances religieuses. Ces trois héros si célébrés sont Hercule, Thésée roi d'Athènes, et Pirythoüs, l'ami de Thésée et fils d'Ixion roi des Lapithes.

Mais la première guerre générale de la Grèce se prépare ; et un grand nombre d'hommes armés des divers États qui composent cette Grèce qui s'agrandit, se peuple, se fortifie et se civilise, iront attaquer sur un rivage occidental de l'Asie la ville de *Troie,* parce que *Páris,* fils de Priam, monarque troyen, a enlevé Hélène, femme de *Ménélas,* roi de Lacédémone et frère d'*Agamemnon,* roi d'Argos et de Mycènes. Agamemnon a été choisi pour commander à tous les souverains de la Grèce.

Les préparatifs de cette guerre extraordinaire, et dirigée contre un royaume puissant, durent dix années. Agamemnon équipe cent soixante vaisseaux, Ménélas soixante, et Athènes cinquante. Les Grecs ont en tout douze cents bâtimens, et suivant Thucydide, le nombre de leurs soldats monte à cent mille.

Quelle résistance pouvait opposer le royaume de Troie, que Dardanus avait fondé dans la Phrygie quinze siècles avant l'ère vulgaire ? Priam avait fait rebâtir sa capitale, prise et saccagée par Hercule sous Laomédon, son père : il avait étendu les limites de son royaume, qui était devenu très-florissant. Il avait eu dix-neuf enfans d'*Hécube*, fille d'un roi de Thrace, et parmi ces enfans brillait *Hector*, que le génie d'Homère a rendu si célèbre, en le peignant comme le héros qui pendant dix ans résista aux efforts des Grecs et aux décrets du destin, et qui aurait empêché la prise de Troie, s'il n'eût été vaincu par Achille, le seul rival digne de lui. Ajax, fils du roi des Locriens, un autre Ajax, fils du roi de Salamine, le médecin Machaon, et le politique Ulysse, roi de la petite île d'Ithaque, et qui devait être le héros de l'*Odyssée,* marchaient aussi sous les ordres du roi des rois de la Grèce.

Agamemnon et ceux qui ont promis de lui obéir arrivent devant Troie; ils voient les murs de cette ville flanqués de tours de bois, et des barrières élevées devant les portes; ils abordent au promontoire de Sigée. Les Troyens s'opposent à leur descente. Un combat est livré. Les Grecs victorieux forment un camp et s'y retranchent. L'attaque des Grecs devait être très-longue; ils n'investissent pas la ville ennemie, leur camp en est même à une assez grande distance, et rien n'empêche les Troyens de recevoir tous les vivres qui leur sont nécessaires, et les secours de leurs alliés.

Ce camp des Grecs était assez grand pour

renfermer les douze cents vaisseaux qui les
avaient amenés, qu'ils avaient retirés de la
mer et mis à sec, et qui étaient disposés sur
deux lignes. Les tentes des troupes étaient
entre ces deux lignes de vaisseaux; au centre
était une place où l'on avait dressé les autels
des dieux, et où la justice était rendue. Un
rempart de terre, flanqué de tours de bois,
défendu par un fossé large, profond et garni
de palissades, entourait tout le camp. *Nes-
tor,* roi de Pyle, et *Mnestée,* se distinguent
parmi les Grecs qui rangent le mieux leurs
soldats en bataille; et la cavalerie de ces
Grecs réunis consiste principalement en
chars, qui tantôt devancent l'infanterie et
tantôt la soutiennent en s'étendant derrière
ses rangs.

Achille a une querelle très-vive avec Agamemnon et ne veut plus combattre. Hector
donne la mort à *Patrocle,* ami d'Achille;
le héros grec, furieux, reprend ses armes,
défie Hector, le combat, l'immole malgré

toute la valeur du Troyen, traîne son cadavre autour de la ville, et tombe sous
une flèche lancée par Paris au moment où
il va épouser Polyxène.

Une infame trahison et un stratagème
dont les nations n'ont cessé de s'entretenir,
livre la ville de Troie aux Grecs après dix
ans de siége. *Pyrrhus*, fils d'Achille, mas-
sacre le roi Priam, fait un carnage épouvantable dans toute la ville, tue Polyxène sur
le tombeau de son père; et tous les autres
Grecs, trop fidèles aux affreux usages de ces
temps si héroïques par l'audace guerrière de
la force, et si barbares par une horrible
cruauté, imitent Pyrrhus et leurs autres
chefs, font de la ville soumise des monceaux
de ruines et de cendres, arrosés du sang des
malheureux vaincus, et ne se montrent par
leur férocité que trop voisins de l'état sauvage, dont ils ont conservé les flèches empoi-
sonnées.

Pyrrhus, après la prise de Troie, va en

Épire, où il fonde un royaume. Andromaque, la veuve d'Hector, est sa captive ; et l'on a écrit qu'il avait épousé Hermione, fille de Ménélas et d'Hélène.

Ulysse, qui, par ses conseils et l'art de persuader, avait tant contribué à la victoire des Grecs, erre pendant dix ans sur la Méditerranée pour faire le tour du Péloponèse et retrouver dans l'Adriatique sa petite île d'Ithaque ; il fait deux fois naufrage vers les côtes de l'Italie ou de la grande Grèce, où le jettent de violentes tempêtes.

Idoménée, petit-fils de Minos et roi de Crète, adresse aux dieux un vœu impie et barbare, pour échapper aux fureurs d'une mer bouleversée par les vents et qui le repousse de son royaume ; il exécute son vœu, et les Crétois, indignés de sa férocité, et fatigués de la puissance absolue, le chassent de leur île et établissent une république.

Le gouvernement est confié à dix *Cosmes* choisis dans un certain nombre de familles, et élus pour un an, à un sénat dont les membres, choisis parmi les plus anciens *Cosmes,* jouissent de leur dignité pendant toute leur vie, et à une assemblée générale de tous les citoyens, dont le consentement est nécessaire pour donner une force légale aux résolutions des sénateurs et à celles des Cosmes, qui sont les chefs de l'armée.

Aristote a blâmé la loi fondamentale qui ne permettait qu'à un certain nombre de familles de parvenir aux fonctions de Cosmes, et par conséquent aux places du sénat. Cette aristocratie lui paraissait devoir diminuer, parmi le plus grand nombre des Crétois, l'amour de la patrie. Mais combien peu méritait le nom de république, le gouvernement d'un peuple où tous les agriculteurs étaient *serfs* ou esclaves ! Voilà une des grandes causes de tant d'agitations politiques qui ont fait pendant si long-temps le malheur de la Crète, et cette honteuse exclusion d'une classe si nombreuse des droits de citoyens, a été la véritable origine de la funeste infériorité qui devait anéantir l'indépendance d'une nation réduite à une portion d'elle-même, et manquant de la plus grande partie des forces que la nature lui avait destinées. Combien cette exclusion a rendu plus faciles les guerres intestines et si fréquentes que faisaient, les unes contre les autres, les principales villes de la Crète, avides de l'indépendance et même de la domination! Et combien ces ambitions des cités et ces discordes sanglantes, qui n'étaient suspendues que par une guerre générale de l'île, affaiblissaient le gouvernement suprême, qui aurait trouvé dans les habitans des campagnes des citoyens armés pour sa défense, et aurait pu les opposer avec avantage aux citadins ennemis de la paix et rebelles aux lois générales et fondamentales!

On peut croire que ces guerres civiles si multipliées n'ont pas peu influé sur le caractère des Crétois, et que l'habitude d'employer la force, la violence ou la dissimulation, a fini par les rendre passionnés pour les gains les moins honorables, menteurs, fourbes et perfides. Des proverbes répandus dans la Grèce exprimaient l'opinion qui leur attribuait ces funestes qualités. Leurs lois furent bientôt aussi corrompues qu'eux-mêmes, et malgré toutes les preuves dont on est accablé, on ne peut croire néanmoins qu'elles l'aient été au point de régler la manière de satisfaire une passion infame en tâchant d'en honorer le honteux objet, comme les législateurs les plus dignes de respect ont déterminé ce qui concerne la sainte union conjugale.

Une institution bien différente avait lieu chez ces mêmes Crétois. C'étaient les repas publics donnés aux dépens de l'État. Tous les citoyens y étaient appelés; et la pauvreté n'en excluait aucun. Les portions y étaient égales; la sobriété y présidait : le vin n'y paraissait que mêlé avec de l'eau;

l'ivresse en était sévèrement bannie. Les hommes d'un certain âge étaient assis ; les plus jeunes, se tenant debout, servaient leurs concitoyens : le repas commençait par des hommages aux dieux, et lorsqu'il était terminé, on délibérait sur les affaires publiques, ou on rappelait les hauts faits militaires, et on louait les belles actions.

L'éducation des Crétois tendait d'ailleurs à leur donner les habitudes et les qualités physiques et morales les plus propres à la profession militaire. Ils étaient devenus célèbres par leur manière de tirer de l'arc ; leurs corsaires n'étaient pas moins renommés que leurs archers. Le désir de s'enrichir les avait fait descendre jusqu'à la piraterie ; et ce n'était pas seulement pour leur *patrie*, à laquelle ils donnaient le nom de *matrie*, afin d'exprimer plus fortement leur affection pour elle, qu'ils employaient leur valeur sur mer ou sur terre ; on trouvait des corps de Crétois dans les armées et sur les flottes de plusieurs peuples.

Les fils d'Hercule avaient changé la face de la Grèce onze siècles ou à peu près avant l'ère vulgaire. *Eurysthée*, roi de Mycènes, craignant qu'ils ne fissent valoir les droits de leur père sur son trône, avait exigé que Céix, roi de Trachine, qui leur était très-attaché, les abandonnât et les chassât de ses États. Céix n'avait pu résister à ses menaces. Les Héraclides n'avaient trouvé d'asile que dans Athènes : Eurysthée conduisit une armée contre eux; mais, soutenus par Thésée, ils vainquirent Eurysthée, qui perdit la vie dans la bataille qu'ils lui livrèrent, et où se distinguèrent particulièrement *Hyllus*, fils d'Hercule, et *Iolaus*, neveu de ce héros. Leurs succès ayant attiré un grand nombre de soldats dans leur armée, ils s'emparèrent de beaucoup de villes du Péloponèse. Une peste violente désola la péninsule ; les Héraclides consultèrent l'oracle, et, obéissant à ses décisions, sortirent du Péloponèse infesté.

Mais la peste ayant cessé, Hyllus, après trois
ans d'absence, revint dans la péninsule avec
ses frères, ses parens, ses amis et ses soldats. Atrée, le père d'Agamemnon, rassem-
bla contre eux ses troupes et ses alliés; il
fut convenu qu'*Échénus*, roi des Tégéates,
se battrait contre Hyllus, et que, si la victoire le favorisait, les Héraclides quitteraient
le Péloponèse et ne pourraient y revenir
qu'après cent ans. Échénus fut vainqueur,
Hyllus fut tué, et les Héraclides, fidèles à
la convention, évacuèrent la péninsule. Les
cent ans expirèrent, les Héraclides équipè-
rent une flotte à Naupacte, et tentèrent de
nouveau la conquête du Péloponèse. *Tisamène*, fils d'Oreste, et qui régnait sur Argos, Mycènes et Lacédémone, fut tué dans
une bataille; ses troupes furent défaites;
trois descendans d'Hercule s'emparèrent des
trois royaumes de Tisamène. Les Héraclides,
poursuivant leur nouvelle conquête, obligè-
rent les Achéens à quitter leur pays. Les

Achéens se jetèrent sur les Ioniens, et ces Ioniens furent contraints de chercher un asile dans Athènes.

Les Héraclides étaient d'autant plus puissans, qu'ils étaient réunis aux Doriens, établis par *Dorus*, fils d'Hellen, auprès du mont Parnasse ; mais une grande partie des vainqueurs étant sortis de la Thessalie, dont les habitans étaient encore presque barbares, plusieurs villes furent détruites. Un grand nombre de ceux à qui ils avaient enlevé leurs terres, allèrent s'établir loin de leur patrie, dans les îles si nombreuses de la mer Égée, ou sur les rivages occidentaux de l'Asie, depuis l'Hellespont jusqu'à la Lycie, et particulièrement dans cette contrée qu'ils nommèrent *Éolide*, et où devait s'élever la ville de Smyrne.

Ces colonies asiatiques furent bientôt célèbres ar leurs navigations, leur commerce et leurs richesses. Elles unissaient l'Europe à l'Asie; elles étendaient la Grèce; elles favorisaient les progrès de sa civilisation, et leur prospérité toujours croissante attira bientôt de nouvelles colonies, qui multiplièrent sur ces rivages fortunés la population, l'indus- trie, les arts et leurs admirables résultats. Le malheur et la persécution ajoutèrent en- core au nombre de ces colonies grecques. *Nilée*, un des fils de *Codrus*, rejeté par les Athéniens, se mit à la tête des Ioniens, deve- nus trop nombreux pour continuer d'habiter l'Attique qui leur avait donné un refuge, les conduisit en Asie, et s'empara, entre la Carie et la Lydie, d'une contrée qui fut nommée *Ionie*, et où furent bâties Éphèse, Colophon, Clazomène et plusieurs autres villes bientôt célèbres.

Des *Doriens* s'établirent aussi dans la *Do- ride* de l'Asie mineure, et y élevèrent des cités, parmi lesquelles on remarquait Hali- carnasse et la fameuse Gnide.

D'autres colonies allèrent porter l'esprit, les talens et les habitudes de la Grèce en

Italie, en Sicile, sur les bords de la mer
Noire, et même sur des côtes africaines ; et
de ce foyer, où les sciences, les arts, l'éloquence et la poésie devaient être fécondés
avec tant de rapidité, la civilisation répandait plus que jamais, vers l'occident de
l'ancien monde, son heureuse et si puissante influence.

Cet accroissement des lumières et du bonheur annonçait une nouvelle gloire ; et le
génie d'Homère allait illustrer la Grèce et
éclairer le monde. Il chante la guerre de
Troie dans l'*Iliade* ; il peint les aventures
d'Ulysse dans l'*Odyssée*. Ses pensées sont
sublimes, ses images admirables, ses tableaux immenses, ses vers harmonieux et
pleins de force. On voit tout ce qu'il dit ;
ses caractères montrent son siècle : tout ce
que la Grèce savait de son temps, brille dans
ses écrits ; et ses poèmes sont le recueil sacré des idées religieuses.

Hésiode, autre grand poète de cette Grèce

900 ans
av. l'ère
vulgaire.

si favorisée par la nature, a donné non-seulement un poème *des œuvres et des jours,* où l'agriculture a trouvé des préceptes utiles, mais encore la *théogonie* ou la *génération des dieux.*

Quelles étaient donc ces idées religieuses recueillies par Homère et par Hésiode?

Les premiers Grecs s'étaient nourris des glands doux et savoureux d'une espèce de chêne; ils honorèrent l'arbre qui les porte, ou un autre arbre du même genre; ils le consacrèrent: les mouvemens de ses branches devinrent des oracles. Le fer, qui leur fut si utile, fut divinisé sous le nom de Mars; et la lance, un des attributs de ce dieu, obtint les hommages de la reconnaissance.

Les Grecs moins anciens, en recevant une partie du culte égyptien, voulurent que les divinités de l'Égypte devinssent véritablement celles de leur patrie; ils supposèrent qu'elles avaient vécu dans la Grèce; ils leur donnèrent des noms de leur pays : Argos implora particulièrement Junon; Corinthe, Neptune, et Athènes, Minerve.

Des oracles fameux, consultés sur les alliances des peuples, sur leurs guerres, sur leurs lois, conservèrent une théocratie à laquelle toutes les formes de gouvernement devaient soumettre leur autorité.

Saturne avait été le dieu tout-puissant de la barbarie; Jupiter l'avait détrôné et était devenu le souverain des dieux de la civilisation.

Les Grecs rapportaient l'origine des premières lois aux premiers progrès de l'agriculture ; ils nommèrent Cérès *Thesmophore*, et une brillante fête, connue sous le nom de *Thesmophorie*, rappela le souvenir du double et grand bienfait de Cérès. D'autres fêtes ou *jeux* solennels furent bientôt établis : les jeux *néméens*, à Argos; les *olympiques*, en Élide; les *isthmiques*, à Corinthe. Des athlètes y montraient leur force et leur adresse; on y célébrait les anciens héros; on y couronnait ceux qui pouvaient concourir le plus à la défense de la Grèce.

Des initiations établies à l'imitation de celles de l'Égypte, se mêlèrent aux institutions de la religion nationale. Pendant long-temps elles inspirèrent la vertu et répandirent parmi ceux que l'on croyait dignes de participer à ces mystères, des connaissances importantes pour la bonté de leur conduite, et des théories religieuses qui ont obtenu par leur sublimité les hommages de grands hommes, et consolé le malheur en lui montrant un bonheur éternel.

Depuis long-temps, lorsque Homère vivait, l'agriculture avait fait des progrès. *Triptolème*, fils d'un roi d'Éleusis, était regardé comme l'inventeur de la culture des grains qu'il avait apprise de Cérès.

On croyait que Cadmus, en établissant sa colonie phénicienne dans la Béotie, y avait établi ou renouvelé l'art de cultiver la vigne, et fondé le culte de Bacchus protecteur de tout ce qui est relatif à cet art et à celui de faire le vin ; et voilà pourquoi les Grecs disaient que leur Bacchus était fils de Jupiter et de Sémélé, fille de Cadmus.

Cécrops, venu à Athènes de Saïs, ville de la basse Égypte, où l'olivier était cultivé sous les auspices de la Minerve égyptienne, apporta dans l'Attique la culture de cet arbre, et y introduisit le culte de Minerve, dont on célébra la fête à Athènes comme à Saïs, en allumant une grande quantité de lampes.

Les Grecs ont bientôt réuni à la culture des grains, de la vigne et de l'olivier, celle des figuiers, des pommiers et des poiriers, que l'on voyait, suivant Homère, dans le verger du vieux Laërte, le père d'Ulysse.

On a écrit qu'avant l'arrivée des Pélasges dans le Péloponèse, les *Titans*, venus de l'Égypte, avaient porté dans la péninsule l'art de travailler les métaux. Cadmus renouvela cet art en s'établissant dans la Béotie ;

il découvrit des mines d'or et des mines d'argent dans la Thrace, au pied du mont Pangée, apprit aux Grecs à les fouiller, à tirer le métal de ces mines, à le préparer : il leur fit connaître aussi l'art de travailler le cuivre.

Les moyens de préparer le fer ont été connus beaucoup plus tard ; et dans le temps de la guerre de Troie, non-seulement les armes, mais encore les instrumens des arts, étaient en cuivre, auquel les anciens savaient donner de la dureté par une sorte de trempe ; et le fer travaillé était encore si rare, qu'Achille, dans les jeux qu'il fit célébrer en l'honneur de Patrocle, proposa pour un des prix une boule de ce métal.

Les communications de la Grèce avec l'Orient et l'Égypte étaient assez grandes pour que les Grecs eussent, même avant le temps d'Homère, de l'ivoire, qu'ils travaillaient avec habileté, et dont ils ornaient leurs lits, leurs siéges et leurs autres meubles.

Plusieurs auteurs ont répété qu'Achille, Patrocle et les autres héros grecs, leurs contemporains ou leurs prédécesseurs, connaissaient la vertu de plusieurs plantes pour la guérison des blessures, ainsi que celle de la rouille de leurs lances de cuivre ou de bronze. On sait que, parmi les peuples à demi sauvages et chasseurs ou guerriers, des connaissances analogues sont très-répandues.

Les Grecs des temps homériques n'employaient pas de chiffres ; ils désignaient les nombres par les lettres de leur alphabet, rangées de différentes manières pour exprimer les unités, les dixaines, les centaines, etc.

Mais ces temps homériques s'éloignent. Une nouvelle forme de gouvernement va être établie dans le Péloponèse. Un homme fameux va prouver quelle force, quelle influence, quelle durée le génie, la connaissance du cœur humain et de savantes combinaisons peuvent donner aux institutions d'un peuple.

La conquête des Héraclides avait donné à Lacédémone un gouvernement extraordinaire ; elle y avait établi deux rois, qui régnaient ensemble ; et les deux couronnes étaient héréditaires. On voyait le royaume tourmenté par des ambitions rivales et d'autant plus violentes, que la Laconie était encore infestée d'un grand nombre d'habitudes du temps barbare ou à demi sauvage que l'on a nommé *héroïque,* parce qu'il a été celui des *héros* qui combattaient de nombreux et sanguinaires brigands. Lycurgue, frère cadet de *Polydecte,* un des deux rois descendans d'Hercule, devient régent à la mort de ce prince ; et pendant la jeunesse de son neveu on l'accuse de vouloir attenter aux jours du jeune roi pour monter sur le trône. Cette calomnie le blesse profondément, l'indigne et le détermine d'autant plus aisément à quitter la régence et à s'éloigner pendant quelque temps de sa patrie, qu'il médite un grand

II. 9

projet. Il veut donner à son pays des lois
qui préviennent les insurrections si fréquentes dans la Laconie, fassent succéder
l'ordre à une anarchie sanglante, et, en
rendant à l'État sa tranquillité intérieure,
le délivrent de toute crainte d'une invasion
étrangère : il va en Crète examiner les
institutions politiques de cette île, parcourt
l'Ionie et d'autres contrées de l'Asie mineure, dont les richesses ont commencé
d'amollir les mœurs, et passe ensuite en
Égypte, dont il étudie avec soin les usages
et les lois si anciennes. Revenu à Lacédémone, il y reçoit des marques de confiance
qui le confirment dans ses résolutions ;
voit combien il est instant de comprimer
les factions qui, plus que jamais, tendent
à bouleverser la Laconie ; consulte l'oracle
de Delphes, est appelé par la *Pythie*, ou
prêtresse qui parle au nom d'Apollon, l'ami
des dieux, et en quelque sorte dieu lui-
même ; donne ses lois, fait jurer aux ci-

toyens de les observer jusqu'à son retour
d'un voyage qu'il est obligé de faire, part
et ne revient plus dans sa patrie, qui lui
consacre, après sa mort, un temple et des
autels.

Lycurgue avait conservé les deux rois et
leur avait laissé le commandement suprême
de l'armée, la direction du culte, et le pon-
tificat. Il avait établi un sénat composé de
trente personnes, en y comprenant les deux
princes; il avait réglé que l'on ne pourrait
être nommé sénateur que lorsqu'on serait
âgé de soixante ans; et Xénophon et Montesquieu donnent de grands éloges à cette
disposition. Les décrets du sénat n'avaient
de force qu'autant qu'ils étaient sanctionnés
par l'assemblée du peuple; c'était cette
même assemblée qui nommait les sénateurs,
et ils étaient inamovibles.

Long-temps après Lycurgue, une nouvelle magistrature, introduite dans la constitution de Lacédémone, en dénature tous

les pouvoirs. *Théopompe*, un des deux
rois, fait établir cinq *éphores*, dont le pré-
sident a le titre d'*éponyme*. Leurs fonctions
sont annuelles. Ils sont nommés par l'assemblée du peuple. Chargés d'abord de rendre
la justice en l'absence des rois qui commandaient l'armée, ils parviennent bientôt, par
la faveur du peuple, qu'ils flattent et dont
ils se déclarent les zélés défenseurs, à être
les surveillans des mœurs et de l'éducation,
les chefs et les organes de ce peuple dont ils
ont obtenu la confiance, les censeurs su-
prêmes de l'administration publique, de
tous les magistrats et même des rois. Ils
disposent des récompenses nationales, de
même que dans leurs jugemens ils sont les
arbitres des peines. Un d'eux est toujours
auprès du roi qui commande l'armée; ils
peuvent rappeler le prince général; ils par-
lent dans plusieurs circonstances comme les
interprètes de la volonté des dieux; et ils
ont le pouvoir de proposer des lois.

Augmentant sans cesse leur puissance par leur dévouement en apparence sans bornes au peuple, leurs intrigues pour faire naître ou accroître la division entre les deux princes, l'appui qu'ils donnent à celui des deux rois rivaux qui embrasse leur parti et consent à leurs désirs, ils assemblent le peuple toutes les fois qu'il leur convient de le réunir, font mettre à la tête des décrets : *il a plu aux éphores et à l'assemblée,* vont jusqu'à recevoir des ambassadeurs au nom de leurs concitoyens, les dépouillent de leur autorité, et règlent seuls le sort des nations vaincues.

Il ne fallait qu'avoir trente ans, être en état de porter chaque jour son contingent aux repas publics, et s'être soumis aux exercices prescrits à la jeunesse, pour pouvoir voter dans les assemblées du peuple; mais les Spartiates, c'est-à-dire les habitans de Sparte, pouvaient seuls être élus pour les magistratures.

A peine un enfant était-il né, que sa mère le plaçait sur un bouclier ; elle lui en donnait un autre quelque temps après, en lui disant : *avec* ou *sur*.

Les jeunes Lacédémoniens n'étaient, en quelque sorte, élevés que pour les combats. Dès qu'ils entraient dans l'adolescence, ils formaient un corps militaire commandé par trois d'entre eux, choisis parmi les plus braves. Des exercices gymniques, des manœuvres guerrières, des luttes, des batailles simulées, remplissaient presque tous leurs momens. La discipline des troupes lacédémoniennes était admirable. Leurs hymnes et leurs prières solennelles leur inspiraient la plus grande valeur, en même temps que l'amour le plus vif de la patrie. Des éloges publics étaient accordés aux guerriers qui avaient péri en combattant pour leur pays.

Une loi de Lycurgue ordonnait de mourir on de vaincre ; elle fut observée fidèlement pendant quatre siècles.

Le roi qui commandait l'armée, faisait porter devant lui un feu sacré, que l'on conservait avec soin, et qu'on avait pris sur les autels de Jupiter et de Minerve. Il immolait avant la bataille une chèvre aux muses qui perpétuent la gloire des guerriers, prescrivait aux musiciens de jouer sur leurs flûtes l'air dit de Castor, ce héros, fils de *Tyndare,* un des anciens rois de Lacédémone; entonnait le cantique national que l'on chantait sur cet air consacré, et marchait à la tête de ses soldats, qui s'étaient couronnés de fleurs.

Tous les dieux de Lacédémone étaient représentés armés ; Vénus elle-même, la déesse de l'amour, était armée d'une lance dans le temple qu'elle avait à Cythère, soumise aux lois de Sparte.

Un des effets les plus remarquables et les plus importans des lois de Lycurgue et de ses institutions, était le mépris de la mort et l'intrépidité qui en résultait. *Nous empêchera-t-il donc de mourir quand nous*

le voudrons? s'écrièrent les Spartiates lorsqu'ils apprirent les menaces d'un roi très-
puissant. Lycurgue eut une des plus grandes
pensées, dit Xénophon, lorsqu'il voulut établir ce mépris de la mort, ce sentiment
profond qui donne une si grande supériorité;
il y parvint en attachant beaucoup de gloire
à la valeur et un grand opprobre à la lâcheté, et en voulant que le courage, honoré
par les Lacédémoniens, fût non-seulement
celui qui se déploie dans les combats, mais
encore celui qui surmonte la douleur.

Lycurgue, en donnant une si grande force
au caractère de ses Lacédémoniens, n'avait
voulu en faire qu'un peuple de soldats; et
voilà pourquoi il leur avait interdit tous les
travaux dont un salaire est le prix, et qui
exigent une vie sédentaire : leurs femmes
même dédaignaient les occupations domes-
tiques.

Le désir d'attacher un charme particulier
à la profession des armes l'avait porté à

établir et même à ordonner, suivant Élien, que chaque jeune soldat de la patrie eût un compagnon d'armes, un ami, un frère tendre, avec lequel il contractait une union blâmée comme des plus criminelles et des plus contraires à la nature par Platon, mais que Xénophon justifie et approuve comme inspirée par les qualités les plus estimables et non par la beauté, et comme plus propre à conserver qu'à détruire les saintes lois de la pudeur.

La discipline militaire, exigeant une obéissance si fidèle et si prompte, et cette obéissance pouvant faire naître le pouvoir absolu, Lycurgue avait voulu remplacer le despotisme des chefs par celui de la loi; toutes ses institutions tendaient à inspirer le plus grand respect pour cette loi sacrée et pour les magistrats qui en étaient les organes: il avait fait bien plus, il avait confié en quelque sorte la conservation de ce respect et de cette soumission à ce noble orgueil qui fait croire à un peuple accoutumé à des règles sévères, qu'il l'emporte sur les autres par la force, le courage et la constance.

Un autre moyen imaginé par Lycurgue pour augmenter le respect dû aux lois, avait été de défendre de les écrire. Tous les citoyens les apprenaient dès l'enfance; tout ce qu'ils avaient de plus cher les leur rappelait; elles se mêlaient avec toutes leurs idées et leurs affections, elles devenaient, pour ainsi dire, eux-mêmes : elles ne leur paraissaient que des oracles gravés dans leurs ames par les dieux et par le génie de leur patrie.

Mais comment expliquer les dispositions de ces lois qui *préparaient et conservaient les mauvaises mœurs*, comme l'a si bien observé mon illustre collègue, M. le marquis de Pastoret, dans son Histoire de la législation des Lacédémoniens? Aristote montre la dissolution des femmes de Sparte comme contraire au but du gouvernement et au bonheur de la cité; il ne les voit retenues par aucune institution dans aucune intempérance; il plaint les Lacédémoniennes de l'influence qu'elles exerçaient sur l'administration, et, refusant le courage à ces Lacédémoniennes si vantées, il assure que, lors de l'invasion des Thébains, elles inspirèrent plus de crainte et causèrent plus de tumulte que l'ennemi vainqueur.

Mais cette Sparte et cette Laconie, pour la conservation desquelles le législateur avait soumis les citoyens à des lois si austères et si contraires à tant de penchans naturels, pouvaient-elles concilier leur nom de *république* avec l'existence de tant d'esclaves non-seulement privés de tous les droits politiques, mais condamnés à la servitude la plus dure et n'ayant aucune garantie contre les traitemens les plus cruels? Ces malheureux, ces *hélotes* ou *ilotes*, dont le sort des armes avait réduit les pères à cette affreuse servitude, étaient courbés sous le poids des

travaux les plus pénibles, accablés d'humi-
liations et d'outrages, et, ce qui est horrible
de dire, punis à des époques déterminées
d'un certain nombre de coups, malgré la
conduite la plus fidèle et la plus résignée,
pour ne pas oublier un seul moment leur
terrible et indigne état d'extrême dépendance. Il était permis aux jeunes Lacédémoniens de se mettre en embuscade et de
tuer les ilotes, pour s'exercer à donner une
mort certaine aux ennemis de leur pays : les
éphores déclaraient une guerre atrocement
dérisoire à ces esclaves, pour avoir le droit,
disaient les Lacédémoniens, de les immoler
sans crime; et tout ilote qui se montrait au-
dessus de la servilité, était condamné à périr.
Sparte sacrifiait la nature et l'humanité à
la crainte de voir ébranler l'édifice politique qu'elle avait élevé. La stabilité en tout
lui paraissait la garantie nécessaire de son
existence; elle ne voyait dans les perfection-
nemens que des nouveautés dangereuses.

Therpandre, célèbre poète et musicien qui, le premier, avait remporté le prix de musique aux jeux carniens institués à Lacédémone, veut ajouter une corde à la lyre; les 7.e siècle av. l'ère éphores s'opposent à ce changement et le vulgaire. condamnent a une amende. Quels hommages, cependant, les Lacédémoniens ne rendaient-ils pas au pouvoir de la musique réunie à la poésie, pour exalter le courage et assurer la victoire! Qui peut ignorer quel empire exerçaient les chants et les vers de *Tyrtée* sur les troupes de Sparte dans la guerre contre les Messéniens, que commandait Aristomène! Animées par ces chants, elles remportèrent une victoire si complète, que, depuis cet événement, les poésies de Tyrtée furent lues ou chantées avant tous les combats à la tête de l'armée lacédémonienne.

Un guerrier descendant d'Hercule, et par conséquent un parent des Héraclides qui régnaient à Lacédémone, avait fondé le

royaume de Macédoine, vers le commencement du huitième siècle avant l'ère vulgaire.

Près de trois cents ans avant cette époque,
Codrus, roi d'Athènes, saisit avec l'empressement de l'héroïsme le moyen que lui in-
dique un oracle de donner à son peuple la
victoire sur les Héraclides, et a la gloire de
se dévouer et de mourir pour sa patrie.
Les Athéniens, après ce noble sacrifice, ne
croient personne digne de ceindre le bandeau royal de Codrus; ils ne veulent plus
être gouvernés que par des *archontes* per-
pétuels. Le premier de ces archontes est
Médon, l'un des fils de Codrus; et douze
Athéniens sont nommés successivement après
lui à cette magistrature suprème.

La nation cependant, jalouse de sa liberté,
veut limiter la durée de l'archontat; elle la
fixe à dix ans. Mais, après avoir vu sept de
ces magistrats décennaux, elle abrège encore
la durée de cette grande fonction, elle la
réduit à un an ; et *Créon* est nommé le

premier de ces archontes annuels. On lui donne en quelque sorte huit collègues, et la république est gouvernée par neuf archontes.

De vives agitations continuent néanmoins dans l'Attique; des troubles multipliés produisent des commotions très-fortes, et font craindre les plus grands dangers pour l'État et pour les citoyens. L'archonte *Dracon* est chargé de recueillir ou de donner les lois les plus propres à ramener la paix, l'ordre et la tranquillité; il en promulgue de si sévères, de si injustes et de si atroces, qu'on n'a cessé de dire qu'elles étaient *écrites avec du sang.* Une si grande indignation s'élève contre Dracon, qu'il est obligé de quitter Athènes et d'aller à Égine, où il meurt. La postérité a puni son attentat d'une manière terrible; elle a donné son nom à toutes les lois contraires à la justice et à l'humanité.

Vers 624 av. l'ère vulgaire.

Vers le même temps, l'humanité, la justice et la nature étaient horriblement outragées par Périandre, cet affreux tyran qui avait asservi Corinthe sa patrie. On ne conçoit pas comment ce barbare si sanguinaire a été inscrit au nombre des *sept sages* dont la Grèce s'est vantée. Heureusement pour cette Grèce coupable d'une si grande erreur, elle a placé *Thalès* au premier rang de ces sages si renommés. Ce philosophe si célèbre, né à Milet dans l'Ionie, vers l'an 640 avant l'ère vulgaire, était allé en Égypte conférer avec les prêtres les plus instruits; il cultiva l'astronomie avec assez de succès pour annoncer les éclipses de soleil. *Connais-toi toi-même*, répétait-il souvent; *la félicité du corps*, disait-il à ses disciples, *consiste dans la santé, et celle de l'esprit, dans le savoir : ce qu'il y a de plus ancien, c'est Dieu qui est incréé; de plus beau, le monde, parce qu'il est l'ouvrage de Dieu; de plus grand, l'espace; de plus vite, l'esprit; de plus fort, la nécessité; de plus sage, le temps : l'homme*, ajoutait-il, *ne peut dérober à Dieu aucune de ses pensées.*

La prudence et la sagesse de Thalès mirent le comble à sa renommée.

Alcée de Mitylène brilla vers le même temps; la Grèce l'a reconnu comme un de ses plus grands poètes lyriques; et vers la même époque, Sapho, qui était aussi de Mitylène, mérita par son hymne à Vénus, ses odes et ses autres poésies, d'être surnommée par les Grecs la dixième Muse.

Athènes cependant voulait d'autres lois que celles de Dracon. C'est à *Solon* qu'est réservée la gloire de donner ces lois. Il descendait de Codrus; mais, ce qui était plus important pour Athènes, il était aussi brave que grand politique, bon poète, habile philosophe, excellent orateur, et devait être compté avec Thalès parmi les sept sages de la Grèce. Il va proposer les moyens qu'il croit les plus convenables pour assurer la prospérité de sa patrie et le bonheur de ses concitoyens.

Mais quelle était cette liberté qu'à cette

époque les Athéniens regardaient comme le
premier des biens, et que Solon était appelé
à défendre par de sages lois? Le grand Bossuet va répondre lui-même; nous croirons
entendre un des oracles de la Grèce : « La
« liberté que se figuraient les Grecs, dit-il,
« dans son admirable Discours sur l'histoire
« universelle, était une liberté soumise à la
« loi, c'est-à-dire, à la raison même recon-
« nue par tout le peuple. Ils ne voulaient
« pas que les hommes eussent du pouvoir
« parmi eux. Les magistrats, redoutés du-
« rant le temps de leur ministère, redeve-
« naient des particuliers qui ne gardaient
« d'autorité qu'autant que leur en donnait
« leur expérience. La loi était regardée
« comme la maîtresse; c'était elle qui éta-
« blissait les magistrats, qui en réglait le
« pouvoir, et qui, enfin, châtiait leur mau-
« vaise administration..... Les citoyens s'af-
« fectionnaient d'autant plus à leur pays,
« qu'ils le conduisaient en commun, et que

« chaque particulier pouvait parvenir aux
« premiers honneurs.

« Ce que fit la philosophie pour conserver
« l'état de la Grèce n'est pas croyable. Plus
« ces peuples étaient libres, plus il était né-
« cessaire d'y établir, par de bonnes raisons,
« les règles des mœurs et celles de la société....
« Il y eut des extravagans qui prirent le nom
« de philosophes; mais ceux qui étaient sui-
« vis étaient ceux qui enseignaient à sacri-
« fier l'intérêt particulier, et même la vie, à
« l'intérêt général et au salut de l'État; et
« c'était la maxime la plus commune des
« philosophes, qu'il fallait ou se retirer des
« affaires publiques, ou n'y regarder que le
« bien public. »

Solon, archonte et nommé par les Athéniens *réformateur* des lois, ne peut lutter
contre d'anciennes habitudes. Il laisse malgré lui subsister l'esclavage; mais il établit,
ou renouvelle, ou perfectionne la division
des citoyens en quatre classes, d'après le

revenu de leurs terres; les droits politiques
de ces quatre classes qui toutes votent lors des
élections et dans les assemblées du peuple; les
attributions des tribunaux, dont il augmente
le nombre, et dont on peut appeler à l'assemblée de la nation; les fonctions des archontes; l'organisation du fameux aréopage,
composé de tous les archontes sortis de place;
un sénat formé de quatre cents citoyens désignés par le sort pour un an, et cent dans
chaque tribu, et devant lesquels toutes les
affaires publiques doivent être exposées avant
d'être présentées à l'assemblée du peuple; le
privilége que l'âge donne pour parler avant
les autres dans les assemblées; l'obligation
qui doit être imposée à tous les citoyens de
prendre un parti dans les troubles publics;
les devoirs des époux, des pères, des enfans,
des tuteurs, des pupilles; les règles des tes-
tamens, des donations et des successions; la
punition des crimes et des délits; la répres-
sion des vices; la correction des mauvaises

mœurs; les diverses parties de l'éducation;
le code relatif aux troupes de terre et à la
marine; les institutions destinées à l'entretien des vertus et des qualités militaires; les
détails de la police de la ville et de celle des
campagnes.

On élève des statues à Solon, on lui
adresse un trépied d'or comme au plus
sage; il le renvoie à Delphes, en disant qu'il
n'y a de sages que les dieux. *Anacharsis*
vient du fond de la Scythie s'instruire auprès de lui. Sa gloire est immortelle; ses
lois règnent long-temps à Athènes; mais le
caractère trop peu constant des Athéniens
donne une trop courte durée à leur enthousiasme pour Solon, et les livre aux adroites
séductions de *Pisistrate,* qui s'empare du Vers 56o
pouvoir suprême. Voulant se montrer l'ami av. l'ère vulgaire
du peuple, après son usurpation comme
avant de l'avoir tentée, il conserve toutes
les magistratures et toutes les lois de Solon
qui ne nuisent pas à son autorité; il sou-

met sa personne aux lois, se justifie devant
l'aréopage d'une accusation grave portée
contre lui, donne l'appui de la bonté à son
élévation, se fait chérir par ses bienfaits, ne
cesse de soulager les pauvres avec les revenus de ses propriétés particulières, charme
les Athéniens, si sensibles à l'heureux emploi
du don de la parole, par cette éloquence qui
avait conquis leur amour et l'avait porté au
premier rang, aime et honore les lettres et
les arts, rend des hommages solennels au
divin Homère, le principal auteur de la première gloire des Grecs, établit une bibliothèque publique dans la ville de Minerve,
élève des monumens et commence la construction du fameux temple d'Athènes, consacré à Jupiter olympien.

Peu d'années avant l'époque où les Athéniens perdent leur liberté sous Pisistrate,
582 ans les Corinthiens avaient recouvré la leur,
av. l'ère
vulgaire. chassé leurs tyrans et rétabli la république.

Et dans le temps où Pisistrate favorise les

lettres, *Ésope*, établi à Samos, ajoute à l'éclat de l'Asie mineure, ayant qu'un autre fabuliste, le bramine *Pilpay* ou *Bidpay* n'illustre l'Indostan. Il cède aux pressantes invitations de Crœsus, roi de Lydie, qui avait déjà eu l'honneur de recevoir à sa cour Solon, d'autres sages de la Grèce, et se rend auprès de ce monarque célèbre par ses conquêtes, ses richesses et le malheur de ses armes contre Cyrus.

Peu d'années après, *Anaximandre* de Milet, disciple de Thalès, construit une sphère, montre l'obliquité de l'écliptique, invente les horloges et dresse le premier des cartes géographiques, suivant Pline, Diogène-Laërce et Strabon. Vers 547 av. l'ère vulgaire.

Mais un grand homme, plus célèbre encore qu'Anaximandre, Pythagore, avait voyagé dans la Grèce, dans l'Égypte, dans la Phénicie et dans la Chaldée, acquérant le plus de connaissances possible. Il donne des leçons à Samos et dans d'autres villes de la

Grèce. Le nom de *sage* lui paraît trop fastueux; il prend celui de *philosophe* ou d'*ami de la sagesse* : il se retire dans la grande Grèce, y habite principalement Crotone, Métaponte ou Tarente, et répandant de plus en plus vers l'Occident les lumières qu'il a recueillies dans l'Orient ou dans l'Égypte, il devient l'illustre chef de la secte *italique*. A sa voix les habitans de Crotone renoncent à leurs déréglemens. Rien n'égale le dévouement de ses disciples à sa personne, leur empressement à suivre ses conseils, l'exactitude avec laquelle ils se conforment aux règles qu'il leur prescrit, le désintéressement qu'ils montrent en mettant leurs fortunes en commun, sous sa direction : et parmi ses disciples sont *Zaleucus*, le législateur de Locres, et *Charondas*, le législateur des Thuriens. Son éloquence persuasive et sa grande influence calment les troubles, apaisent les insurrections, terminent les guerres civiles. Plus habile que ses contemporains dans les sciences mathématiques, il trouve et publie la fameuse proposition relative au *carré de l'hypothé-nuse* des triangles rectangles. *Il n'y a qu'un Dieu,* disait-il, *auteur de toutes choses; et les plus beaux présens qu'il ait faits à l'homme, c'est le pouvoir de dire la vé-rité et celui de rendre de bons offices aux autres.*

Pendant que Pythagore acquérait tant de gloire et s'immortalisait en suivant ses préceptes sublimes, en éclairant les hommes et en les rendant meilleurs, l'architecture grecque recevait à Corinthe un grand accroissement. Les règles qu'on avait successivement données aux architectes avaient créé, dans la Dorie et dans l'Ionie, ces deux belles colonies grecques de l'Asie mineure, l'ordre *dorique* et l'ordre *ionique. Calli-* 54o ans *maque* le Corinthien, architecte, peintre et av. l'ère vulgaire. sculpteur, orne un beau vase de feuilles d'acanthe, le place sur une colonne, donne à cette colonne et au riche chapiteau qu'il

vient d'imaginer, des proportions nouvelles;
et l'*ordre corinthien,* établi par Callimaque,
devient un magnifique et admirable com-
plément de l'architecture de la Grèce.

Un petit nombre d'années s'écoule, et l'art
dramatique grec va naître dans l'Attique.
On y chantait depuis long-temps des hymnes
en l'honneur de Bacchus. Ces hymnes étaient
exécutés par différentes voix, celles des
femmes et des enfans, et les voix plus graves
d'une octave des hommes et des vieillards:
on dansait en les chantant. *Thespis* imagine
de suspendre ces chœurs par le *récit* d'un
acteur qu'il introduit sur la scène. *Eschyle*
va bien plus loin que Thespis, fait paraître
plusieurs acteurs, crée le dialogue, les scènes,
les actes, et donne la naissance à la véritable
tragédie.

La musique, toujours liée à la poésie,
prend alors un plus grand caractère; elle
devient dramatique comme la poésie, dont
elle est inséparable. Ses différens modes,

c'est-à-dire les différentes *gammes*, adoptées dans diverses colonies de l'Asie mineure; où elle avait été cultivée avec soin, comme l'architecture, sont consacrées au théâtre qui s'élève, et préférées suivant que, s'approchant plus ou moins de notre *mode majeur*, ou de notre *mode mineur*, elles rendent avec plus de force les sentimens nobles, fiers et belliqueux, ou expriment la mélancolie, les regrets, la tristesse, la douleur, la terreur et l'effroi. Cet Eschyle était destiné à défendre, par son courage et dans les batailles les plus mémorables, la patrie que son génie et son talent devaient illustrer pendant tant de siècles.

Darius, fils d'Hystaspes, était monté sur le trône de Cyrus. Mégabyse, son général, avait soumis la Thrace; les Athéniens font la grande faute d'abandonner les Ioniens. Les généraux de Darius reprennent l'île de Chypre, remportent, près de Milet, une grande victoire sur les Ioniens, et se rendent maîtres de toute l'Ionie. Darius veut que ses armes victorieuses traversent la mer, et réduisent sous son obéissance la Grèce européenne. Datis et Artaphernes, à la tête de plus de trois cent mille hommes, arrivent près d'Athènes. La perte des Athéniens paraît assurée; ils ne peuvent opposer qu'un petit nombre d'hommes à l'immense armée de Darius ; mais ces hommes sont des Grecs, et Miltiade les commande. Miltiade gagne sur les Perses la fameuse bataille de Marathon, les chasse de la Grèce, et s'empare, en les poursuivant, de plusieurs îles de l'Archipel.

490 ans av. l'ère vulgaire.

Xerxès, second fils et successeur de Darius, veut être plus heureux que son père. Il avait réduit l'Égypte sous son obéissance; il marche contre les Grecs avec une flotte de mille voiles et une armée que plusieurs historiens ont portée à huit cent mille hommes : il veut que rien ne lui résiste; il fait jeter un pont sur le détroit de l'Hellespont, fait percer l'isthme du mont Athos, croit commander à la nature, et s'avance en menaçant vers le passage des Thermopyles. Mais Léonidas, roi de la Lacédémone, y était avec trois cents Spartiates; ils s'étaient dévoués à la mort pour sauver leur patrie. Un nombre immense de Perses expirent sous leurs coups, et en succombant sous la multitude de leurs ennemis, ils acquièrent une gloire impérissable. On n'a jamais prononcé le nom des Thermopyles sans éprouver une émotion très-vive; tous les siècles ont célébré Léonidas et ses Spartiates; un grand peintre de ma patrie les a fait revivre sur la toile : les Grecs de nos jours les font revivre et aux Thermopyles et dans toute la Grèce.

Xerxès avance cependant dans l'Attique; les Athéniens abandonnent leur ville en héros, se retirent sur leur flotte, et, sous les ordres de Thémistocle, leur admirable général, livrent contre les Perses la fameuse ba-

440 ans
av. l'ère
vulgaire. taille navale de Salamine, forcent Xerxès à se retirer honteusement en Asie, rentrent en triomphateurs dans ce beau port du Pirée que Thémistocle avait fait creuser, et qui doit leur donner une marine si long-temps supérieure à celles des autres Grecs, et un commerce des plus variés, des plus étendus et des plus riches.

Nous avons maintenant sous les yeux le temps du grand éclat des Athéniens. A la gloire des vainqueurs de Marathon et de Salamine vont se joindre celles de Sophocle, d'Euripide, d'Aristide, de Thucydide, de Phidias, de Périclès, de Méton, d'Aristophane, de Socrate et de Platon.

Sophocle, auteur de cent vingt tragédies, est appelé par Cicéron un *poète divin;* et le grand Aristote ne parle d'*Œdipe tyran*, une des pièces de Sophocle, que comme du modèle achevé de la tragédie. Ce grand tragique est, de même qu'Eschyle, un guerrier illustre en même temps qu'un poète fa-

meux, et partage avec Périclès le commandement de l'armée d'Athènes.

Euripide compose quatre-vingt-douze tragédies. *Socrate* les estimait beaucoup, et
elles étaient les seules à la représentation
desquelles il eût assisté. Les noms de Sophocle et d'Euripide sont, depuis plus de
deux mille ans, prononcés avec enthousiasme et respect.

Aristide est *le juste* par excellence. Il
porte les Grecs à se réunir contre les Perses;
il se distingue dans les batailles de Marathon
et de Salamine. Thémistocle, qui craint la
vénération qu'on a pour Aristide, et qui ne
veut pas voir diminuer son pouvoir, parvient à l'éloigner d'Athènes par cette sorte
d'exil au sujet duquel l'assemblée du peuple
prononçait, et qu'on nommait *ostracisme,*
parce qu'on écrivait les suffrages sur de
petites écailles appelées *ostracon.* Aristide,
rappelé peu de temps après, refuse de se
joindre aux ennemis de Thémistocle, et de

le faire exiler à son tour : rien ne peut le
faire écarter des règles de la justice. Il a le
maniement des revenus publics, et il meurt
si pauvre, que l'État est obligé de payer ses
funérailles.

Thucydide partage la gloire d'Hérodote,
de ce grand historien qui, né à Halicarnasse, dans la Carie, avait voyagé en Égypte,
en Italie et dans toute la Grèce, recueilli
d'importantes notions sur l'origine et les
destinées des peuples, lu ses neuf livres
dans l'assemblée des jeux olympiques, et
inspiré aux Grecs une telle admiration, qu'ils
avaient donné les noms des neuf Muses à ces
neuf livres dans lesquels il avait célébré les
avantages remportés par ses compatriotes
sur les étrangers que la Grèce appelait *barbares*. Thucydide, en entendant Hérodote
réciter son ouvrage, avait été ému jusqu'à
répandre les nobles larmes d'une vive admiration. Il commande l'armée de la Thrace,
où l'on a dit qu'il avait des mines d'or. Ac-

cusé de n'avoir pas secouru Amphypolis, il
est éloigné d'Athènes, et compose pendant
les longues années de son exil sa belle Histoire de la guerre du Péloponèse, qu'il ne
peut achever, parce que la mort le sur-
prend avant la fin de cette guerre entre
Athènes et Lacédémone. Il devait recevoir
un grand honneur; Démosthènes avait une
si haute estime pour l'histoire de Thucydide,
qu'il la transcrivit plusieurs fois de sa main.

 Phidias s'élève à une grande hauteur
dans cet art de la sculpture que les Grecs
ont cultivé avec tant de gloire. Dipœnus et
Scyllis s'étaient rendus célèbres par leur talent pour polir le marbre et pour le sculp-
ter. Vers l'an 576 avant l'ère vulgaire, ils
avaient formé un grand nombre d'élèves;
mais Phidias les surpasse tous. On a écrit
qu'il connaissait mieux que tous ceux qui
l'avaient devancé les véritables proportions
qu'il fallait donner aux figures qui sortaient
de ses mains et aux principaux traits de

ces figures, pour que l'illusion fût la plus grande possible lorsqu'elles seraient dans la place qui leur était destinée. Il laisse à la postérité la statue de Minerve de la citadelle d'Athènes et celle de Jupiter qui ornait le temple d'Olympie, et que l'admiration des Grecs a fait compter parmi les merveilles du monde.

Vers 448 av. l'ère vulgaire.

Périclès avait été élevé par *Zénon* d'Élée et par Anaxagore. Il devient grand orateur et exerce la plus grande influence sur le peuple : il multiplie les jeux et les dons envers un grand nombre de citoyens ; il fait établir des rétributions pour ceux qui donnent leurs suffrages dans les élections, dans les jugemens et dans toutes les délibérations publiques ; il distribue aux pauvres des terres conquises ; il fait équiper des vaisseaux, solder des matelots, former de nouvelles colonies, et lève sur les villes alliées une grande partie des sommes nécessaires pour les dépenses de l'État : il ajoute à tous

ces moyens de capter l'affection du peuple,
de conserver et d'accroître sa puissance, et
de satisfaire l'ambition qui le domine, la
constance la plus attentive à faire obtenir
les faveurs les plus grandes par ceux qui
cultivent les arts et répandent tant d'éclat
sur Athènes. Il joint le Pyrée à la capitale
par une route que des murailles défendent:
il est d'ailleurs grand capitaine; il remporte
près de Némée une victoire célèbre; il prend
Samos après un long siége, pendant lequel
Artémon de Clazomène invente le *bélier*
qui détruit les murailles, et la *tortue* ou
l'art de former avec les boucliers une sorte
de toit protecteur. Il laisse un orateur, qui
lui est trop dévoué, demander et obtenir
du peuple qu'on pose des limites à l'autorité de l'aréopage, particulièrement à l'ins-
pection que ce corps fameux exerce sur le
trésor de l'État; il commet un plus grand
crime politique en cessant d'assembler le
peuple, qu'il craint de voir transférer son

pouvoir à quelqu'un de ses rivaux : il en est puni, lorsque des malheurs publics irritent le peuple contre lui : on lui reproche la guerre du Péloponèse et une maladie contagieuse qui afflige la ville d'Athènes. On lui ôte son autorité ; mais bientôt on oublie tout en faveur de son amour pour les arts et des monumens qu'il a élevés : on lui rend son pouvoir ; on pleure sa mort lorsqu'il succombe à la maladie terrible qui désole sa patrie, et la postérité appelle son siècle *le siècle de Périclès.*

Méton, célèbre mathématicien, publie, quatre cent trente-deux ans avant l'ère vulgaire, son *Ennéadécatéride,* ou le cycle de dix-neuf ans, appelé le *nombre d'or* et destiné à montrer les époques où l'année solaire et l'année lunaire commencent en même temps. Il s'y détermine avec d'autant plus de zèle que, malgré les connaissances particulières que Thalès, Platon et Eudoxe avaient recueillies en Égypte relativement à la véritable longueur de l'année, les Grecs, jusqu'au temps de *Démétrius* de Phalère, devaient n'admettre qu'une année solaire de trois cent soixante jours, dont ils divisaient chacun des douze mois en trois décades, au lieu d'adopter les semaines de sept jours des Égyptiens et des Orientaux.

Aristophane compose plus de cinquante comédies remplies de ces finesses piquantes auxquelles on a donné le nom de *sel attique;* et ce qui rappelle une des plus fortes opinions des peuples libres, les Athéniens lui décernent une couronne de l'*olivier sacré,* pour le remercier de reprendre les défauts de ceux qui gouvernent la république.

Socrate, fils d'un sculpteur, imite son père et fait trois belles statues des Grâces. Bientôt il quitte la sculpture pour se consacrer à la philosophie : il étudie sous Anaxagore et sous Archélaüs; il combat avec courage pour la défense de sa patrie; mais, malgré ses vertus, ses lumières et ses talens, il renonce aux dignités de la république, et cultive avec soin la morale. Rien ne peut résister au charme de son éloquence, à laquelle ses vertus donnent une influence céleste. Un oracle le déclare *le plus sage de tous les Grecs.* Il rend à son pays un des plus grands services; il forme plusieurs grands hommes par ses exemples et ses leçons. S'élevant par son génie aux pensées les plus sublimes, il n'admet qu'un seul Dieu. Ceux à qui le polythéisme est utile; ne peuvent le lui pardonner; il est accusé, condamné comme impie, et forcé de boire la ciguë à soixante-dix ans. A peine a-t-il cessé de vivre, que les Athéniens, désolés de leur coupable erreur, condamnent à mort ou exilent ses accusateurs, et lui érigent une statue de bronze. Un monument plus durable de sa gloire et de ses bienfaits est l'usage conservé, pendant plus de deux mille ans, de désigner la plus grande sagesse par le nom de Socrate. *Il est,* dit Cicéron dans le

livre premier de ses Tusculanes, *le premier
des philosophes qui fit descendre du ciel
la philosophie, pour l'introduire dans les
villes et même dans les maisons, et qui
apprit aux particuliers à raisonner sur la
conduite de la vie, sur le juste et l'injuste.*

   Platon, un des disciples de Socrate, cultive la peinture et la poésie, et se livre ensuite à la philosophie. Il va s'instruire en
Égypte, et fait trois voyages en Sicile, où il
se rend la première fois pour reconnaître
la cause et la nature des feux du mont Etna.
Il reste de ce grand philosophe des dialo-
gues admirables, auxquels la sagesse humaine n'a cessé de rendre hommage, et que
les Pères de l'Église chrétienne ont loués
avec d'autant plus de force, qu'ils ont trouvé
dans sa doctrine de très-grands rapports avec
celle de l'Évangile. Il reconnaît un seul Dieu,
qui sait tout et qui gouverne le monde avec
une *souveraine sagesse;* il proclame que
l'ame est immortelle; il assure que les bons,

après leur mort, sont récompensés, et que les méchans sont punis. On l'a nommé *le divin*, et plusieurs de ses opinions ont été l'objet d'une sorte de culte.

Pindare, né à Thèbes vers cinq cents ans avant l'ère vulgaire, avait cessé d'exister. On l'avait surnommé *le prince des poètes lyriques*. Ses belles odes, dont Horace a comparé la force à celle d'un torrent auquel rien ne résiste, avaient remporté le prix aux quatre jeux solennels des Grecs; aux *olympiques*, aux *isthmiques*, aux *pythiques* et aux *néméens*. Et quelle importance les Grecs attachaient à ces jeux et à leurs fêtes, que leur religion, leur politique, leurs lois, leurs institutions, leurs plaisirs, leur intérêt et leur gloire avaient consacrés! Les Athéniens destinaient chaque année au moins quatre-vingts jours à ces fêtes nationales. Celles de Minerve étaient aussi anciennes que la ville protégée par cette déesse; on les nommait *panathénées* : tous les quatre ans elles

étaient plus pompeuses , et le nom de
grandes panathénées leur était donné. Un
vaisseau orné par de jeunes vierges consacrées à la déesse protectrice paraissait dans
ces fêtes pour rappeler l'arrivée de Cécrops
et de la Minerve égyptienne : on récitait des
vers d'Homère ; on chantait un hymne en
l'honneur d'*Harmodius* et d'*Aristogiton,*
destructeurs de la tyrannie.

Les Athéniens célébraient d'autres fêtes
pour se rendre Bacchus favorable. Le nom
de *dionysiaques* était celui de ces fêtes.
Les dionysiaques proprement dites avaient
lieu pendant la nuit ; elles comprenaient,
comme celles de Cérès, des sacrifices secrets,
des cérémonies mystérieuses, des initiations.
Diodore a écrit qu'Orphée avait rapporté
d'Égypte ces fêtes de Bacchus et de Cérès,
qu'il assimilait à celles d'Osiris et d'Isis.

C'était en l'honneur de Cérès que, du
temps d'Érecthée, on avait établi les mystères d'Éleusis. On y courait de toutes les

parties de la Grèce. « Quels bienfaits n'a-t-on
« pas reçus de Cérès! dit *Isocrate*, orateur
« athénien. On lui doit l'agriculture et les
« mystères qui affranchissent des craintes
« de la mort, en donnant l'espérance d'une
« autre vie. »

A la tête des ministres voués au culte de
Cérès et à la célébration des mystères d'É-
leusis était le *hiérophante;* après lui venaient le *porte-flambeau,* chargé des purifi-
cations et de la conduite de la procession
des initiés; le *héraut sacré,* qui éloignait les
profanes; les porteurs du *feu sacré;* ceux
à qui était confié le *van mystique;* ceux
qui chantaient les hymnes, ou jouaient de
la flûte, ou faisaient les libations, ou décoraient les autels *extérieurs* du temple.

Cérès avait aussi des prêtresses. On a cité
avec éloge la réponse de *Théano,* une de
ces prêtresses, à qui on demandait des ana-
thèmes : « Je suis prêtresse pour bénir, dit-
« elle, et non pas pour maudire. »

D'autres fêtes, connues sous le nom de *thesmophories*, faisaient partie du culte de Cérès; les hommes ne pouvaient y assister.

On avait institué d'autres solennités pour Bacchus et Cérès, honorés ensemble; pour Minerve, protectrice des arts; pour Vulcain, le dieu du feu, et Prométhée, cru l'inventeur de cet agent si puissant, et dont on rappelait les bienfaits par des courses avec des flambeaux; pour Neptune, en l'honneur duquel il y avait des jeux dans le Pirée, et même pour plusieurs dieux des nations étrangères. Il y avait des *apaturies*, où l'on coupait les cheveux aux jeunes Athéniens, et où on les inscrivait dans les registres publics.

L'amour, la tendresse et l'amitié rendaient de douloureux hommages aux objets de leurs regrets : on célébrait la mort d'Adonis, ou une mort analogue; on avait consacré les *hydrophories* à la mémoire de ceux qui avaient péri lors du déluge de Deucalion;

un vaisseau allait tous les ans à Délos, porter une *théorie* ou députation religieuse qui
remerciait Apollon de la victoire par laquelle
Thésée avait délivré Athènes d'un tribut
odieux : les poursuites judiciaires étaient in-
terdites pendant ces solennités, et les magistrats faisaient des libations en l'honneur de
Bacchus sur le théâtre où l'on venait de
représenter une tragédie.

Timothée, célèbre musicien de Milet,
introduit dans le chant des intervalles moindres que ceux dont on se servait, et crée ou
reproduit le genre auquel on a donné le
nom de *chromatique.*

Simonide illustre l'île de *Céos,* aujour-
d'hui Zéa, par ses odes, ses tragédies, ses
élégies et ses lamentations. On a écrit qu'il
excellait dans le pathétique; il a chanté les
victoires de Marathon et de Salamine.

Xerxès vivait encore; son général *Mardonius* était resté en Grèce, et la présence
de son armée indignait les Grecs. *Pausanias,*

général des Lacédémoniens, et l'Athénien
Aristide, le plus juste de la Grèce, gagnent
contre Mardonius la fameuse bataille de
Platée, dont le nom retentit depuis tant de 479 ans
siècles avec ceux de Marathon et de Sa- av. l'ère
lamine. Pausanias poursuit ses succès, bat vulgaire.
les Perses sur mer, prend sur eux la ville
de Byzance, et délivre de leur joug plusieurs
colonies grecques de l'Asie mineure. Mais sa
raison ne peut résister à l'éclat de tant de
gloire ; il s'égare, il devient criminel jusqu'à
trahir sa patrie ; il demande à Xerxès la
main de sa fille, et lui offre de le rendre
maître de la Grèce entière. Xerxès accepte
sa proposition : une lettre est interceptée ;
Pausanias se sauve dans un temple de Minerve. On ne veut pas violer l'asile sacré ;
mais on mure les portes du temple, et Pau- 474 ans
sanias meurt au milieu des tourmens de la av. l'ère
faim. vulgaire.

Cinq ans plus tard, la cruauté des Lacédémoniens excite une nouvelle insurrection

parmi les ilotes. On réprime leurs efforts :
plusieurs de ces malheureux se réfugient
dans un temple de Neptune. On leur promet la vie, ils se rendent; on leur donne
la mort. Peu de temps après, un violent
tremblement de terre détruit une grande
partie de Sparte, et fait périr vingt mille
hommes. Les Grecs amis de la bonne foi,
de la justice et de l'humanité, regardent ce
phénomène si funeste comme un effet terrible de la colère céleste.

L'humanité respire, lorsqu'on pense que,
peu d'années après un fléau aussi grand,
l'île de Cos, une des Cyclades, vit naître
Hippocrate, qui devait devenir le plus
célèbre médecin du monde. Ce grand homme a vécu cent quatre ans, comme si la
nature avait voulu conserver au-delà du
terme ordinaire de la vie le bienfaiteur de
l'espèce humaine. Il recueille, dans la force
de l'âge, les observations de ceux qui l'ont
précédé, les réunit aux siennes, en pré-

sente les résultats, et donne au public ce grand et bel ouvrage où les tableaux des diverses maladies sont peints avec toute la force de son génie, et que l'on admire d'autant plus qu'on est plus avancé dans les sciences qui composent celle de la médecine.

Vers le milieu du cinquième siècle avant l'ère vulgaire, *Bacchylide,* que l'on a compté parmi les neuf poètes lyriques si célèbres dans l'ancienne Grèce, publie ses odes et ses hymnes.

Quatre peintres fameux paraissent bientôt dans la Grèce ou dans ses colonies; *Parrhasius, Zeuxis, Polyglotte* et *Apollodore.* Ils ont un grand renom : on a pensé néanmoins que l'art de la peinture avait fait en Grèce des progrès moins grands que ceux de l'art des statuaires, et que les tableaux des plus habiles peintres grecs étaient, dans leur genre, moins dignes d'admiration que les statues, que ni le temps, ni les barbares

n'ont pu détruire, et que les amis des beaux
arts ne voient qu'avec enthousiasme.

Plusieurs sculpteurs célèbres brillent vers
le même temps que les quatre grands peintres que nous venons de nommer; et parmi
eux on distingue *Agoracrite* et son rival
Alcamène, disciple de Phydias, tous deux
renommés pour une Vénus.

Mais la Grèce avait commencé la guerre
dite du Péloponèse, qui devait préparer sa
chute. Les Perses avaient perdu l'espoir de
la soumettre uniquement par les armes. Le
souvenir de Marathon, des Thermopyles, de
Salamine et de Platée, ne leur permettait
pas de conserver cet espoir; ils conçoivent
l'infernale idée de corrompre les Grecs, et
de semer parmi eux ces divisions funestes,
les ennemies les plus dangereuses des peuples. Un des plus grands hommes qui aient
honoré l'espèce humaine, Aristote, a dit, *si
les Grecs ne formaient qu'un seul État,
ils pourraient subjuguer le monde.* Les

Perses en étaient convaincus, et ils emploient, pour désunir ceux qu'ils veulent soumettre à leur domination, tous les moyens secrets dont ils peuvent disposer. Les passions des Grecs, celles surtout qui produisent ou suivent l'ambition, secondent l'entreprise des Perses. Lacédémone avait long-temps dominé; Athènes veut l'emporter par la flotte que Thémistocle lui a donnée. Lacédémone et Athènes oublient les Perses, et ne sont entraînées que par un désir extrême de conserver ou de conquérir la suprématie. Thèbes élève aussi sa tête contre l'ancienne dominatrice des Grecs, qui n'avait que trop fait sentir, à diverses époques, la pesanteur du sceptre qu'elle avait saisi, et que de grands dangers communs avaient fait tolérer. La guerre du Péloponèse devient inévitable; cette guerre civile allume ses brandons, et quel horrible événement se mêle à ses malheurs! il n'a pu échapper à la postérité; Thucydide l'a écrit quatre cent vingt-quatre

ans avant l'ère vulgaire. On craint à Lacédémone un soulèvement des ilotes, dit ce
grand historien. Un décret promet la liberté
aux plus braves; deux mille sont choisis, ils
font le tour du temple, la tête couronnée de
fleurs, suivant l'usage des affranchis; et
bientôt ils disparaissent sans qu'on ait jamais su comment ils avaient péri.

Alcibiade avait montré les plus beaux
talens dans Athènes sa patrie, et remporté
le prix aux jeux olympiques. Sa fortune,
ses libéralités, son courage, son éloquence
et la considération dont jouissait sa nombreuse famille, lui avaient donné, malgré
sa jeunesse, une grande influence parmi
ses concitoyens. Peu fidèle aux leçons de
Socrate, dont il avait été le disciple, il
s'était fait remarquer par une vie des plus
licencieuses. Accusé de sacrilége et condamné
à mort, il s'était réfugié à Thèbes et avait
embrassé le parti des Lacédémoniens. Quelque violente passion qu'il eût eue pour le

lüxe et les voluptés d'Athènes, il vivait à Lacédémone en Spartiate. Mais, devenu l'objet de la jalousie des généraux lacédémoniens, il se retira vers Tissapherne, général des Perses.

Une révolution nouvelle menace la république d'Athènes. Une faction aristocratique l'a résolue; elle a pour elle la force, ose employer le crime et répand la terreur. Trop d'habitans de l'Attique étaient privés par les lois des droits de citoyens. La nation n'était qu'une aristocratie isolée, et qu'une grande commotion pouvait ébranler, renverser et soumettre. « Tout le monde « tremblait, dit Thucydide, et personne « n'élevait la voix (contre la faction domi- « natrice). Quelqu'un en avait-il l'audace; « on trouvait bientôt un moyen de s'en dé- « faire. Il ne se faisait pas de recherches « contre les meurtriers; on n'osait même « invoquer la justice sur ceux qu'on soup- « çonnait. Le peuple, immobile de stupeur,

« s'estimait heureux, en se taisant, d'échap-
« per à la violence. L'ignorance du nombre
« des conjurés le faisait croire plus grand,
« et affaiblissait d'autant les courages. On
« ne pouvait concerter des vengeances; car
« on n'osait se plaindre : la défiance était
« générale; et les auteurs de la révolution
« n'en avaient que plus de sécurité. "

L'assemblé générale avait consenti à l'élection de dix citoyens chargés de présenter la constitution qu'ils croiraient la meilleure. Ils 411 ans av. l'ère vulgaire. font leur rapport; un décret solennel est rendu; un conseil de quatre cents personnes est mis à la tête du gouvernement : cinq présidens élus nomment quatre-vingt-quinze citoyens; et chacun de ces quatre-vingt-quinze désignés et de ces cinq présidens nomme trois membres du conseil, qui a le pouvoir de réunir une assemblée de cinq mille citoyens, lorsqu'il le juge convenable. La dissolution du sénat est prononcée; des citoyens sont emprisonnés, d'autres exilés, et d'autres mis à mort. On règle qu'il n'y aura de salaire pour aucune fonction; et le rappel d'Alcibiade est décrété.

Les quatre cents montrent cependant de la faiblesse; ils envoient des députés à l'armée athénienne qui était à Samos : ils lui demandent d'approuver les changemens faits à la constitution de l'État. L'armée dépose ceux de ses chefs qui paraissent favorables à la révolution, nomme Alcibiade son général et menace de la mort les députés des quatre cents. Alcibiade modère leur courroux, garantit les députés, et consent au gouvernement des cinq mille; mais il ne veut pas reconnaître les quatre cents, et exige le rétablissement du sénat.

Quelques années après le triomphe d'Alcibiade, son lieutenant perd une bataille contre les Lacédémoniens. Ses ennemis se relèvent; sa faveur se dissipe; son pouvoir s'éteint : il s'éloigne d'Athènes, il se retire vers Pharnabaze, général des Perses; et Pharnabaze, ayant la lâcheté de céder à une honteuse demande de Lysandre, général de Sparte, ordonne qu'Alcibiade soit percé de flèches.

Lysandre était un grand capitaine; mais il était cruel et très-ambitieux. Les Lacédémoniens, à sa voix, sacrifient les intérêts de la Grèce à leur passion pour la puissance; ils s'allient avec les Perses, qui leur envoient des secours. Lysandre défait les Athéniens dans un combat naval près du fleuve *de la Chèvre*, s'empare d'Athènes qui vient de perdre sa principale force, en démolit les murailles, la soumet à *trente tyrans*, s'empare de l'île de Samos, termine ainsi la guerre du Péloponèse, qui a duré vingt-sept ans, et rentre triomphant dans Lacédémone.

Vers 405 av. l'ère vulgaire.

Les trente tyrans remplissent le sénat et toutes les magistratures de ceux qu'ils croient les plus dévoués à leurs volontés, demandent des troupes aux Lacédémoniens, les reçoivent, et n'étant plus retenus par aucune crainte, se permettent tous les crimes et font gémir les Athéniens sous le pouvoir le plus odieux. Un d'eux montre du repentir et de la pitié, il tombe victime de ceux que ses remords accusent. Un grand nombre d'Athéniens fuient leur malheureuse patrie; des citoyens sont saisis violemment au milieu de leurs familles, enlevés au pied des autels qu'ils tenaient embrassés, frappés de la hache fatale, ou forcés de se donner la mort. Les biens de ceux qu'on immole sont confisqués; on associe, pour déguiser une avidité barbare, quelques pauvres aux riches qu'on fait périr; et quinze cents citoyens sont égorgés sans jugement.

Thrasibule forme le généreux projet de mourir ou de délivrer sa patrie; il réunit quelques valeureux Athéniens, attaque les tyrans près du Pyrée et remporte la victoire. Les tyrans vaincus se retirent dans la ville, désarment les citoyens qui y sont

encore, ne conservent que des soldats
étrangers, obtiennent des troupes de Lacédémone, combattent une seconde fois contre Thrasibule, sont de nouveau vaincus et
rejetés de l'Attique.

Dix magistrats choisis, un dans chaque
tribu, remplacent les trente tyrans, montrent autant de cruauté, et sont chassés
comme eux.

Pausanias II, roi de Lacédémone, pro-
pose un traité que l'on accepte. Les trente
tyrans et les dix magistrats ne seront punis
que de l'exil; les biens de personne ne seront confisqués; le gouvernement populaire
sera rétabli.

Thrasibule maintient avec autant de courage que de sagesse l'amnistie accordée et
jurée par l'assemblée générale du peuple,
et toutes les discordes se calment.

On proclame une loi qui ordonne la mort
et la confiscation des biens de celui qui
oserait renverser la démocratie ou exercer

une magistrature dans le gouvernement qui la remplacerait, déclare *inviolable* celui qui le tuerait ou conseillerait de le tuer, veut que tous les Athéniens jurent de donner la mort aux traîtres ennemis de leur patrie, et prescrit d'honorer ceux qui succomberaient en cherchant à les frapper.

Conon, ancien chef de la flotte athénienne, s'était réfugié cependant chez *Évagoras*, roi de Salamine dans l'île de Chypre, après le triomphe des Lacédémoniens et l'établissement des trente tyrans. Il avait offert ses services au roi de Perse, Artaxerce Mnémon, qui lui avait donné le commandement de sa flotte; il attaqua la flotte lacédémonienne à la tête des vaisseaux d'Artaxerce, et remporta auprès de Gnide une victoire qui fit perdre à Lacédémone cinquante vaisseaux et l'empire de la mer. 394 ans av. l'ère vulgaire.

L'année suivante il ravagea les côtes des Lacédémoniens, conduisit sa flotte à Athènes du consentement des Perses, rétablit le Pyrée, et reconstruisit les murailles de la ville.

Xénophon, illustre disciple de Socrate, s'était couvert d'une gloire qu'aucun général athénien n'avait encore obtenue. Le jeune Cyrus, gouverneur des côtes de l'Asie mineure, avait pris les armes contre son frère Artaxerce Mnémon; il prétendit que la couronne de Perse lui appartenait, parce qu'il était né depuis que leur père Darius Nothus était monté sur le trône. Une grande bataille avait eu lieu entre les deux frères. Cyrus avait dans son armée dix mille Athéniens, commandés par Xénophon. Ils avaient vaincu Tissapherne qui leur était opposé; mais le jeune Cyrus, emporté par son courage, reçoit la mort, et son armée se disperse. Xénophon résiste avec une admirable fermeté à ce coup de la fortune. Ses valeureux Grecs, pleins de confiance dans leur général, restent réunis au milieu de dangers sans cesse renaissans; et il exécute cette fameuse retraite qui a été l'entretien des

400 ans av. l'ère vulgaire.

hommes les plus éclairés de tant de siècles. *Toute la Grèce vit alors*, dit le grand Bossuet, *qu'elle nourrissait une milice invincible à laquelle tout devait céder, et que ses seules divisions la pouvaient soumettre à un ennemi trop faible pour lui résister quand elle serait unie.*

Mais que la Grèce était loin de cette union si nécessaire à son salut! Artaxerce ne rougit pas de demander aux Athéniens l'exil du héros qu'il n'avait pu vaincre, et qu'il devait tant admirer; et les Athéniens n'osent pas refuser Artaxerce. Xénophon se retire à Scillonte, où il compose un grand nombre d'ouvrages, qui seuls auraient rendu son nom immortel : il écrit dans cet asile vénéré par la postérité, la *Cyropédie*, l'*Expédition et la retraite des dix mille*, l'*Histoire grecque* depuis l'époque à laquelle Thucydide était parvenu, un Dialogue intitulé : *Hiéron ou le Tyran*, un *Traité des revenus ou des produits de l'Attique*,

l'*Économique*, l'*Éloge d'Agésilas II*, roi de
Lacédémone, et qu'il avait suivi en Asie;
l'*Apologie de Socrate*, les *Dits mémorables
de ce sage*, le *Banquet des philosophes*,
un *Traité de la chasse*, d'autres Traités sur
le *gouvernement de Lacédémone*, sur *celui
d'Athènes*, sur l'*art de dresser et de mon-*
Vers 36o *ter les chevaux*; et il meurt à quatre-vingt-
av. l'ère
vulgaire. dix ans, après avoir été un des grands
hommes qui ont le plus honoré la Grèce;
et concouru le plus à sa civilisation.

Il avait eu la douleur de voir Lacédémone
faire un traité infame avec Artaxerce Mnémon, pour parvenir à réduire de nouveau
sous sa domination les Athéniens dont Conon avait relevé les murailles. C'est contre
des Grecs qu'elle avait appelé la Perse; et
387 ans elle avait livré tous les Grecs de l'Asie au
av. l'ère
vulgaire. roi de ceux que la Grèce appelait *barbares*,
et qu'elle devait regarder comme des ennemis si redoutables.

Cette alliance contre nature n'empêche

pas néanmoins *Timothée*, général des Athéniens, et digne fils de Conon, de s'emparer
de Corcyre, de gagner sur les Lacédémo- 376 ans
niens une bataille navale, de prendre Torne av. l'ère
vulgaire.
et Potidée, et de délivrer Cyzique.

Bientôt après, Épaminondas, général des
Thébains, l'un des plus grands capitaines
et des plus grands hommes de l'antiquité,
gagna contre les Lacédémoniens la bataille
de Leuctres, dans laquelle fut tué *Cléom-
brote II*, célèbre roi de Sparte, et fit rebâtir et repeupler la ville de Messène. Ayant
tenu les troupes en campagne quatre mois
plus tard que le peuple de sa patrie ne
l'avait ordonné, il fut privé du commandement de son armée victorieuse : mais il
obtint de servir comme simple soldat, ajouta
à sa renommée par des *actions d'éclat*, fut
renommé général en chef, et alla en Thessalie, où il remporta de nouvelles victoires.
Soutenant ensuite, par l'ordre de sa république, la cause des Éléens, il livra la ba-

taille de Mantinée, où la victoire n'ayant pu
le garantir d'une blessure mortelle, et voyant
qu'un fer de javelot qui était resté dans la
plaie ne pouvait en être tiré qu'en lui ôtant
la vie, il continua de donner des ordres,
apprit que les ennemis étaient entièrement
défaits, remercia les dieux, arracha le fer,
et expira comblé de gloire.

Chabrias, général athénien, avait aussi
battu les Lacédémoniens et défendu la Béotie.

Des divisions aussi impolitiques, et qui
enlevaient à la Grèce tant de braves et tant
de grands hommes, auraient livré ce pays
si illustre et si déchiré aux Perses, qui depuis long-temps employaient, pour la soumettre, tous les moyens qui étaient en leur
pouvoir. Mais un ennemi bien plus dangereux encore, et dont les Grecs s'étaient bien
moins occupés, menaçait de les réduire
sous son obéissance. Cet ennemi, qui allait
déployer contre eux une si grande puissance, était *Philippe*, roi de Macédoine. Il

avait un génie élevé, et son habileté, son adresse et sa politique égalaient son ambition. Ayant été pendant sa première jeunesse donné en ôtage aux Illyriens et aux Thébains, il avait eu le grand avantage d'être élevé auprès d'Épaminondas. Monté sur le trône, trois cent soixante ans avant l'ère vulgaire, il remporte une victoire sur les Athéniens auprès de Méthone, et fait la paix avec eux. Digne par sa valeur du nom de Grec qu'ont les Macédoniens, et n'oubliant jamais qu'il descend des Héraclides, fondateurs de son royaume, il soumet les Péoniens, les Illyriens et les Thessaliens; il épouse Olympias, fille de Néoptolème, roi des Molosses, et en a cet Alexandre qui devait tant occuper la renommée. Obligé de lever le siége de Byzance pour marcher contre les Scythes, il remporte sur eux une 341 avant l'ère grande victoire. Les Triballiens s'insurgent vulgaire. contre lui; il leur livre un combat dans lequel il aurait été tué, si Alexandre, quoique très-jeune encore, ne l'eût couvert de son bouclier, et n'eût donné la mort à ceux qui l'attaquaient de près.

Un homme destiné à avoir pendant des siècles la plus grande influence sur l'esprit humain, était né à Stagire dans la trois cent quatre-vingt-quatrième année avant l'ère vulgaire. C'était *Aristote* : il avait été, après sa première jeunesse, disciple de Platon, s'était livré à l'étude avec une ardeur extraordinaire, avait fait de grands progrès, et sa réputation s'étant extrêmement étendue, Philippe lui avait confié l'éducation d'Alexandre.

Le roi de Macédoine croit le moment venu de conquérir une grande portion de cette Grèce dont son royaume fait partie. Il déclare la guerre aux Athéniens et aux Thébains leurs alliés; il leur livre la bataille de Chéronée en Béotie. La victoire couronne l'inventeur de la fameuse phalange macédonienne. Philippe est vainqueur et des Athé-

338 ans av. l'ère vulgaire.

niens qui avaient vaincu les Perses, et des
Thébains qui avaient vaincu Lacédémone.

Il avait dans Athènes un ennemi dont il
connaissait toute la puissance. *Démosthènes,*
disciple de Platon et d'Isocrate, orateur sublime et le plus éloquent de tous les Grecs,
n'avait cessé de tonner contre lui du haut
de la tribune, où se déployait avec tant de
véhémence l'admirable talent qui agissait
avec tant de force sur les Athéniens.

Vers le même temps vivait le sculpteur
Praxitèle, si célèbre par sa Vénus de Gnide, son Satyre et son Cupidon; et quelques
années avant cette époque, Artémise, reine
de Carie, avait élevé dans Halicarnasse un
tombeau dans lequel étaient renfermés les
restes de *Mausole* son époux; tombeau magnifique, que les Grecs comptaient au nombre
des sept merveilles du monde, qui devait
faire donner le nom de *mausolée* aux grands
monumens funèbres, et auprès duquel elle
était morte d'amour et de douleur.

Les projets de Philippe ne se bornaient pas cependant à la conquête de la Grèce. La puissance des Perses l'effrayait, et il voulait l'abattre. Il faisait de grands préparatifs pour porter la guerre en Asie, lorsqu'il fut assassiné par un de ses gardes; et Alexandre lui succéda. Ce jeune prince n'avait que vingt ans; il réunissait toute l'ardeur de la jeunesse à un beau génie, à un courage indompté et à l'amour le plus passionné de la renommée. Épris de tout ce qui était grand et élevé, et digne disciple d'Aristote, qui l'était de Platon, il portait toujours avec lui les poésies du *divin* Homère : il aurait voulu surpasser Achille et avoir un Homère pour chanter les exploits qu'il méditait. Il embrasse avec énergie les projets de Philippe. Mais il veut d'autant moins s'exposer à être forcé par des attaques imprévues à revenir en Macédoine, que Darius Codoman, qui régnait en Perse, avait envoyé en Grèce des émissaires chargés d'or,

pour exciter les Grecs contre les Macédoniens, et que les Lacédémoniens, suivant
Arrien, avaient accepté cet or si puissant
à cette époque de corruption. Il croit devoir
commencer la grande guerre qu'il a résolue
par la conquête de la Thrace et de l'Illyrie;
il redoute les dispositions de Thèbes et de la
Béotie, que son père avait soumises. En effet,
leurs habitans, trompés par une fausse nouvelle de sa mort, s'insurgent contre lui. Il
détruit la ville de Thèbes, et cependant,
adorateur d'Homère et de tous les grands
poètes qui immortalisent les héros, il conserve la maison de Pindare et honore sa
famille. C'est après cette terrible expédition,
que, la Grèce ne lui inspirant aucune alarme,
il déclare la guerre à Darius Codoman.

Interrogeons maintenant Bossuet sur les
événemens qu'Alexandre va tenter. « Les
« Macédoniens, nous répond cet homme
« dont le génie s'élevait au-dessus de tous
« les objets qu'il examinait; les Macédoniens

« étaient non-seulement aguerris, mais en-
« core triomphans, et devenus par tant de
« succès presque autant supérieurs aux au-
« tres Grecs en valeur et en discipline,
« que les autres Grecs étaient au-dessus
« des Perses et de leurs semblables.

« Darius, qui régnait en Perse, était juste,
« vaillant, généreux, aimé de ses peuples,
« et ne manquait ni d'esprit ni de vigueur
« pour exécuter ses desseins. Mais si vous
« le comparez avec Alexandre, son esprit
« avec ce génie perçant et sublime, sa va-
« leur avec la hauteur et la fermeté de ce
« courage invincible qui se sentait animé
« par les obstacles, avec cette ardeur im-
« mense d'accroître tous les jours son nom,
« qui lui faisait préférer à tous les périls,
« à tous les travaux et à mille morts, le
« moindre degré de gloire; enfin, avec cette
« confiance qui lui faisait sentir au fond de
« son cœur que tout lui devait céder comme
« à un homme que sa destinée rendait supé-

« rieur aux autres ; confiance qu'il inspirait
« non-seulement à ses chefs, mais encore
« aux moindres de ses soldats, qu'il élevait,
« par ce moyen, au-dessus des difficultés et
« au-dessus d'eux-mêmes ; vous jugerez aisé-
« ment auquel des deux appartenait la vic-
« toire. Et si vous joignez à ces choses les
« avantages des Grecs et des Macédoniens
« au-dessus de leurs ennemis, vous avouerez
« que la Perse, attaquée par un tel héros
« et par de telles armées, ne pouvait plus
« éviter de changer de maître. »

Alexandre entre dans l'Asie mineure. Darius avait parmi ses généraux un homme de
génie, un grand capitaine, *Memnon*, de l'île
de Rhodes. « Ruinez vos provinces, dit-il à
« Darius, afin que l'armée d'Alexandre ne
« puisse pas trouver de vivres ; faites atta-
« quer vivement la Macédoine, et portez-y
« le théâtre de la guerre. » Ce conseil aurait
pu rappeler Alexandre dans ses États, sou-
lever la Grèce, et sauver Darius ; il fut re-

jeté par les autres généraux du roi de Perse.

Alexandre tente le passage du Granique; Memnon lui oppose une armée immense et des manœuvres habiles; mais il ne commandait pas des Grecs et n'était pas Alexandre. Le jeune roi enflamme ses soldats par son audace, et le Granique est franchi.

Les arts ont célébré cet événement, et il a dû être d'autant plus remarqué par l'histoire, que les passages des rivières présentaient des difficultés et des périls particuliers pour la cavalerie des anciens Grecs, qui ne se servaient ni de selles ni d'étriers.

Memnon, que rien ne peut décourager, défend avec chaleur la ville de Milet, s'empare des îles de Chio et de Lesbos, porte la terreur dans la Grèce; et peut-être les destins d'Alexandre allaient changer, lorsque la mort frappa Memnon au milieu d'une gloire à laquelle la renommée d'Alexandre donne un très-grand éclat.

Le roi de Macédoine soumet avec rapidité la Lydie, l'Ionie, la Carie, la Pamphilie
et la Cappadoce. Il répand au loin la conster-
nation et l'effroi, en coupant avec son glaive
le fameux *nœud gordien* qui, suivant les
idées religieuses du temps, devait donner
l'empire de l'Asie à celui qui le dénouerait,
livre la bataille d'Issus, remporte une vic- 333 avant
l'ère
toire complète, s'empare des trésors de vulgaire.
Darius, voit tomber à ses pieds cinq malheureux prisonniers, la mère, la femme,
le fils et les deux filles du roi de Perse, et
les traite avec des égards que les siècles à
venir doivent louer tant de fois et avec
tant de justice.

Les provinces reçoivent en tremblant la
loi du vainqueur. La ville de Tyr seule se
souvient de son ancienne puissance, et résiste au conquérant devant lequel l'Asie
mineure s'est inclinée. Elle a été rebâtie
dans une île; Alexandre est obligé de construire une digue que des historiens ont dé-

crite avec une sorte d'enthousiasme. Tyr,
malgré le courage et les efforts admirables
de ses habitans, succombe à cette force victorieuse qu'aucun obstacle ne paraît pouvoir
arrêter. Alexandre marche contre les Juifs,
qui l'ont irrité en ne voulant pas fournir
les objets nécessaires à ses troupes pendant
le siége de Tyr; *Jadus*, grand sacrificateur
des Juifs, va au-devant de lui, implore sa
clémence, et lui montre la prophétie de
Daniel, qui annonce la destruction, par
les Grecs, de l'empire de Perse. Alexandre
traite les Juifs avec beaucoup de bonté, et
avant de poursuivre Darius vers l'Euphrate,
il va soumettre l'Égypte, si fameuse dans la
Grèce, et dans laquelle Artaxerce Ochus,
l'avant-dernier roi de Perse, avant Darius,
avait conquis une puissance égale à celle
de ses prédécesseurs.

Le mouvement était donné à l'Égypte,
comme à l'Asie mineure et à la Syrie. Elle
cède au vainqueur du Granique, d'Issus et

de Tyr. Alexandre visite le temple consacré au dieu que les Grecs appelaient *Jupiter Ammon,* à cause des sables de la Libye, au milieu desquels il était situé; entend les prêtres de ce temple le nommer fils de leur dieu, ne rejette pas un titre que les opinions religieuses de la multitude peuvent rendre utile à ses vastes desseins, et après ce sacrifice fait aux idées vulgaires, conseillé par l'ambition, et peut-être approuvé par cette vanité à laquelle tant d'hommes supérieurs n'ont pas pu toujours se soustraire, il s'élève à toute la hauteur à laquelle son génie peut atteindre, prévoit l'avenir, trace, pour ainsi dire, une nouvelle route au commerce de l'Europe, de l'Asie et de l'Afrique, et fonde la ville d'Alexandrie, le plus beau et le plus durable monument de son passage sur la terre.

Alexandre cherche ensuite Darius, et malgré tous les nouveaux efforts de ce prince, et toutes les troupes que ce monarque lui oppose, il remporte la victoire d'Arbelles, et ne laisse à son ennemi d'autre ressource que la fuite. Maître de ce grand empire des Perses, fondé par Cyrus, il fait une entrée solennelle dans Babylone, *avec un éclat,* dit Bossuet, *qui surpassait tout ce que l'univers avait jamais vu.*

Parvenu avec une rapidité merveilleuse à une puissance si irrésistible, il donne un grand exemple aux maîtres du monde; il n'a pas oublié ce qu'il doit à Aristote et aux sciences qu'il croit les plus utiles. Aristote s'était retiré à Athènes et y avait établi dans le *lycée* une école dont le renom fut bientôt répandu parmi les peuples civilisés, comme la gloire d'Alexandre. Il philosophait en se promenant avec ses disciples, auxquels ce genre d'étude et d'exercice fait donner le nom de *péripatéticiens.* Du haut du trône qui domine sur tant de nations, le vainqueur de Darius lui écrit, le presse d'écrire l'histoire des animaux, lui envoie la somme énorme de huit cents talens pour les dépenses que cette histoire peut exiger, et lui adresse un grand nombre de chasseurs et de pêcheurs chargés d'exécuter ses ordres.

Alexandre veut cependant assurer la durée de l'empire qu'il vient de créer; et il cède d'autant plus facilement à ce que sa politique lui commande, qu'il est bien aise d'élever sa renommée militaire au-dessus de celle de *Bacchus*, le conquérant d'un si grand nombre de contrées orientales. Darius, réfugié dans la Médie, avait été assassiné par le traître *Bessus*, gouverneur de la Bactriane. Alexandre traverse l'ancienne Perse, pénètre dans les Indes, y défait le roi *Porus*, que sa valeur, ses soldats et ses nombreux éléphans exercés au combat ne peuvent défendre, admire sa grandeur d'ame, le traite *en Roi*, suivant le noble désir de ce prince magnanime, le rétablit sur son trône, obtient son amitié, le voit suivre ses enseignes à la tête de ses troupes avec autant de dévouement que de valeur, donne, en se pré-

cipitant du haut des murs au milieu d'une
ville qu'il assiége, une nouvelle preuve de
son courage en quelque sorte plus qu'humain, parvient jusqu'aux bords de l'Araspe,
est obligé de céder à ses soldats qui lui demandent du repos, élève des monumens sur
les rives de ce fleuve, ramène son armée par
des contrées qu'il n'avait pas encore parcou-
rues, les subjugue et rentre dans Babylone,
où il est reçu, *non pas comme un conquérant,* dit Bossuet, *mais comme un dieu.*

   « Mais cet empire formidable qu'il avait
« conquis, continue Bossuet, ne dura pas
« plus long-temps que sa vie, qui fut fort
« courte. A l'âge de trente-trois ans, au
« milieu des plus vastes desseins qu'un
« homme eût jamais conçus, et avec les
« plus justes espérances d'un heureux suc-
« cès, il mourut sans avoir eu le loisir d'é-
« tablir solidement ses affaires, laissant des
« enfans en bas âge, incapables de soutenir
« un si grand poids. Mais ce qu'il y avait

« de plus funeste pour sa maison et pour
« son empire, est qu'il laissait des capitaines
« à qui il avait appris à ne respirer que
« l'ambition de la guerre. Il prévit à quels
« excès ils se porteraient quand il ne serait
« plus au monde. Pour les retenir, et de
« peur d'en être dédit, il n'osa nommer ni
« son successeur, ni le tuteur de ses en-
« fans ; il prédit seulement que ses amis
« célébreraient ses funérailles avec des ba-
« tailles sanglantes ; et il expira dans la
« fleur de son âge, plein des tristes images
« de la confusion qui devait suivre sa mort. »

Les pressentimens d'Alexandre n'étaient
que trop fondés. Personne n'avait hérité
de son génie et de ses talens. Son immense
empire s'écroula, et de ses débris se formèrent trois grandes monarchies ; celle de
Macédoine, celle de Syrie et celle d'Égypte.

Deux ans après la mort de l'homme
extraordinaire qui avait commandé à une
si grande partie du monde, mourut Aris-

tote, pour qui il avait une si haute estime. Néarque avait communiqué à ce grand philosophe les observations qu'il avait faites dans ses navigations, et particulièrement en ramenant la flotte d'Alexandre depuis l'embouchure de l'Indus jusques dans la Mer rouge. On ne pouvait pas mieux plaire à Alexandre, qu'en procurant les observations les plus importantes à celui qui avait élevé sa jeunesse. Aristote avait profité avec tant de succès de cet empressement qu'il laissa, en mourant, un grand nombre d'ouvrages dont la variété des sujets aurait seule fait naître l'étonnement et la vénération. Il nous suffira de citer sa Dialectique, sa Morale, sa Rhétorique, sa Poétique, ses OEuvres politiques et son Histoire des animaux. Pendant plus de deux mille ans son autorité devait être respectée comme celle d'un oracle; et l'admiration devait ensuite lui décerner des hommages plus libres, réglés par la raison, et plus honorables que ceux qu'une sorte de superstition littéraire n'avait cessé de commander pendant plus de vingt siècles.

Théophraste succéda dans l'école des péri- patéticiens à Aristote, dont il avait été le disciple, après l'avoir été de Leucippe et ensuite de Platon. Il vécut cent ans, et composa très-vieux le célèbre traité de morale, qu'il intitula *les Caractères*. On a conservé aussi de ce philosophe, qui cultivait l'histoire naturelle comme Aristote, un *Traité des plantes* et une *Histoire des pierres*. ^{322 ans av. l'ère vulgaire.}

Xénocrate, autre disciple de Platon, avait succédé, dans *l'académie*, à *Speusippe*, qui avait remplacé Platon son oncle. On vantait sa sobriété et ses autres vertus. Il n'aimait ni les plaisirs, ni les richesses, ni les louanges. Rien n'avait pu le corrompre lorsque les Athéniens l'avaient envoyé en ambassade auprès du roi Philippe; rien ne put vaincre son désintéressement et sa fidélité, lorsque ses compatriotes le choisirent pour ambassadeur auprès d'Antipater qui régnait en Ma- ^{339.}

cédoine. Il avait refusé un présent de cinquante talens, qu'Alexandre lui avait envoyé,
ou du moins n'en accepta qu'une très-petite
partie par respect pour ce monarque. Ses
leçons corrigeaient les jeunes gens les plus
débauchés. Sa réputation de probité était si
grande, que les magistrats le dispensèrent
de confirmer son témoignage par le serment.
Il avait composé, à la prière d'Alexandre,
plusieurs ouvrages qui ne sont pas parvenus
jusqu'à nous, et particulièrement six livres
de la nature, six autres livres *de la philosophie*, un livre *sur les richesses*, et un
traité qu'il est bien remarquable de voir demander par le roi tout-puissant, à qui tant de
peuples étaient soumis, et dont le sujet était
l'art de régner.

Indépendamment de l'école de l'académie et de celle du lycée, il y en avait
deux autres à Athènes, qui étaient aussi l'objet de l'admiration de la Grèce. Ces deux
écoles ou *sectes* étaient celle d'*Épicure*, et

celle de *Zénon*, ou des *stoïciens*. Épicure philosophait dans des jardins. Rien ne surpasse le respect, l'affection et l'enthousiasme qu'il inspira à ses disciples. Le jour de sa naissance était encore solennisé du temps de Pline. Il donna une grande réputation au système des atomes, inventé ou soutenu par *Leucippe* et par *Démocrite* ; il faisait consister la félicité non pas dans les voluptés sensuelles, comme l'ont prétendu ses ennemis et quelques-uns de ses disciples corrompus; mais dans la volupté inséparable de la vertu, et jointe à la tempérance. Les disciples qui partageaient dans ses jardins sa table frugale, ne se nourrissaient que de pain et de légumes, et ne buvaient que de l'eau. Il mourut à soixante-onze ans, deux cent soixante-onze ans avant l'ère vulgaire; il avait cru ne pouvoir mieux répondre à des reproches de stoïciens, qu'en publiant des ouvrages pieux, en recommandant de vénérer les divinités, en exhortant à la sobriété, à la continence, à la chasteté, en étant assidu dans les temples.

Zénon, le chef des stoïciens, donnait ses leçons de philosophie sous un portique. Ses sectateurs furent très-nombreux. Le souverain bien consistait, suivant lui, à vivre conformément à la nature, selon l'usage de la droite raison. Il ne reconnaissait qu'un Dieu, et admettait une destinée inévitable. Ses successeurs, des stoïciens célèbres, tels que Cléanthe et Crysippe, soutenaient qu'avec la vertu on pouvait être heureux malgré les rigueurs de la fortune et au milieu des tourmens les plus affreux; et le Dieu unique qu'ils admettaient était l'ame du monde ou de l'univers.

Vers le même temps vivait *Ménandre*, disciple de Théophraste. Il composa cent huit comédies, dont huit remportèrent le prix, et qui le firent nommer *le prince de la nouvelle comédie*, c'est-à-dire de celle qui, n'étant point favorisée par la liberté

démocratique, mettait sur la scène et livrait
à la censure publique les vices ou les ridicules privés, au lieu des actes politiques des
hommes d'État que dénonçait, pour ainsi dire,
Aristophane. Il ne reste que des fragmens
de ses pièces, citées avec beaucoup d'éloges
par plusieurs auteurs grecs ou latins.

Apelles, que l'on a proclamé le plus
grand peintre de la Grèce, a illustré la
même époque. On a célébré particulièrement ses deux Vénus et son Alexandre. Ce
roi, si passionné pour la renommée, et si
avide des suffrages de la postérité, n'avait
permis qu'à Apelles de faire son portrait,
persuadé, suivant Cicéron, que la gloire d'un
si grand peintre transmettrait la sienne aux
siècles à venir. Apelles était l'ami de *Pro-
togène,* peintre célèbre né en Carie, établi
à Rhodes, et dont on a cité tant de fois le
tableau représentant *Ialyse*, chasseur fameux et qu'on regardait comme le fondateur de Rhodes.

Le peintre *Timanthe* était aussi contemporain d'Apelles. Combien de fois on a loué son tableau du sacrifice d'Iphigénie, où il avait si bien représenté la douleur de Calchas, de Ménélas, d'Ulysse, d'Ajax, des autres princes de la Grèce, et où, voulant exprimer plus fortement encore celle d'Agamemnon, il avait eu recours à l'imagination du spectateur ému, et montré le malheureux père cachant sous le pan d'un manteau son visage et les traits du désespoir.

Lysippe le sculpteur reçut le même honneur qu'Apelles. Alexandre déclara par un édit que Lysippe pourrait seul le représenter par des statues en marbre ou en bronze. Horace a rappelé cet édit que Lysippe a si bien mérité par différentes statues du prince qui l'aimait; par celle d'un homme sortant du bain, qui a décoré les thermes d'Agrippa; par une grande statue du soleil, élevée sur un char traîné par quatre chevaux, et vénérée à Rhodes; et par plusieurs autres ouvrages.

Que devient cependant, après la mort d'Alexandre, ce royaume de Macédoine qu'il avait rendu si puissant? et quel fut le sort de la civilisation dans cette contrée et dans les autres parties de la Grèce?

Cassandre, fils d'Antipater un des généraux du vainqueur de Darius, s'empara de la Macédoine, fit mourir Olympias, veuve de Philippe et mère d'Alexandre; Roxane, femme du grand conquérant, et le jeune Alexandre son fils; donna à Thessalonice, sœur de ce même Alexandre devant lequel il avait tremblé, sa main fumante du sang de la mère, de la belle-sœur et du neveu de cette princesse, et, portant ses armes en Asie, ne contribua pas peu aux terribles agitations qui bouleversèrent pendant tant de temps les vastes et malheureuses contrées qui avaient composé l'empire de l'immortel souverain de Babylone.

Quels crimes affreux continuent après Cassandre d'arroser de sang le trône de Ma-

cédoine, de le donner ou de l'enlever! Le
trépas d'Alexandre avait ébranlé la terre;
pendant combien d'années elle tremble sans
pouvoir trouver le repos! Aucune loi fondamentale n'avait assez de force pour la raf-
fermir; le droit des peuples était inconnu;
leur véritable pouvoir paralysé; leur volonté
nulle ou dédaignée.

Ceux qui cherchaient à manier le sceptre
de la Macédoine, commandaient à la Grèce.
On avait à Athènes restreint le droit de voter
dans les assemblées générales aux citoyens
qui possédaient un revenu de plus de deux
mille drachmes (ou dix-huit cents francs).
On avait donné à cette forme de gouvernement le nom de *plutocratie*, ou gouvernement des plus riches. Après la mort d'A-
lexandre, l'ancienne démocratie fut offerte
aux Athéniens. L'archonte *Phocion*, un des
plus grands orateurs d'Athènes, que l'on avait
choisi quarante-cinq fois pour commander
les troupes de la république, qui avait tou-

jours refusé les bienfaits de Philippe et d'A-
lexandre, dont la fortune était si médiocre,
que l'on vénérait pour sa grande probité, et
qui avait atteint sa quatre-vingtième année,
fut accusé d'avoir toujours favorisé les riches;
jugé par une assemblée composée d'hommes
infames, d'esclaves et d'étrangers, déclaré
coupable de trahison et condamné à mort.
Quelque temps après, Athènes repentante lui
décerna une statue de bronze; mais la postérité inflexible a conservé le souvenir de la 318 ans
mort indigne du vertueux et grand Phocion. av. l'ère vulgaire.

Cassandre nomme pour gouverner Athènes
Démétrius de Phalère, orateur éloquent,
philosophe péripatéticien et disciple de Théophraste. La constitution de l'État est de nouveau changée. Les citoyens qui ont dix mines
(ou neuf cents francs de revenus) jouissent
du droit de voter dans les assemblées générales. Les revenus publics augmentent; de nouveaux monumens s'élèvent. Les Athéniens,
contens de leur démocratie et de leur premier

administrateur, oublient en quelque sorte
qu'ils ont pour maître le roi de Macédoine,
et élèvent des statues à Démétrius. Pline et
Diogène-Laërce portent à trois cent soixante
le nombre de ces statues. Mais combien les
monumens décernés par l'enthousiasme peuvent être fragiles! Les idées des Athéniens
devaient changer leur affection, et leur estime pour Démétrius s'évanouir; ses statues
être brisées et fondues.

Démétrius Poliorcète (ou preneur de
villes), fils d'*Antigone* l'un des généraux
d'Alexandre et qui, après la mort de son
souverain, s'était fait roi de l'Asie mineure,
se présente au Pirée comme voulant briser
le joug imposé à la ville d'Athènes par Cassandre. Les Athéniens, que la perte de leur
liberté et de leur indépendance avait dégra-
dés, donnent à Poliorcète et à son père Antigone le titre de roi, qui leur avait été si
odieux. La flatterie et la bassesse se surpas-
sent. On place les statues de Poliorcète et de

son père à côté de celles d'Harmodius et d'Aristogiton; on les nomme des *dieux sauveurs* : ils ont un prêtre dont le nom remplace dans les actes publics celui de l'archonte qui donnait son nom à l'année ; on joint sur la bannière sacrée leurs images à celles des dieux protecteurs d'Athènes ; et les ambassadeurs qu'on leur enverra devront avoir le même titre que ceux qui, dans les fêtes de la Grèce, portaient à l'Apollon de Delphes, ou au Jupiter olympien, les offrandes qu'on réunissait aux prières pour le salut des villes; un décret ordonne que, toutes les fois que Démétrius Poliorcète viendra à Athènes, il sera reçu avec les honneurs et la solennité des fêtes de Bacchus et de Cérès; on crée deux tribus nouvelles sous le nom d'*antigonide* et de *démétriade;* et le nombre des sénateurs est élevé de cinq cents à six cents, afin qu'il y en ait toujours cinquante de chaque tribu.

Au milieu de cette démence, Démétrius

de Phalère est condamné à mort; il s'était réfugié en Égypte, où on lui donna une place des plus importantes, où il composa sur la législation, la politique et la morale des ouvrages loués par Cicéron, et où il contribua beaucoup à l'établissement de la fameuse bibliothèque d'Alexandrie.

Près d'un siècle plus tard, l'ancienne rivale d'Athènes, Lacédémone, éprouva une terrible catastrophe. *Philopœmen* était général des Achéens, de ces Grecs qui avaient remporté de grandes victoires sous *Aratus*, célèbre comme leur historien et comme grand capitaine; il gagna contre les Étoliens la bataille de Messène, tua dans un combat *Méchanidas*, tyran de Sparte, fut battu sur mer par *Nabis*, successeur de Méchanidas, mais le vainquit sur terre, prit Sparte, en 188 ans av. l'ère vulgaire. rasa les murailles, abolit les lois de Lycurgue et soumit Lacédémone aux Achéens.

Séleucus Nicanor, ou *Séleucus le victorieux*, ligué avec Ptolémée, Cassandre et Lysimachus, avait gagné la bataille d'Ipsus contre Antigone, qui avait perdu la vie dans cette bataille : il avait commencé le royaume de Syrie et bâti trente-quatre villes pour perpétuer sa mémoire et conserver le souvenir des personnes qui lui étaient chères. L'un de ses successeurs, *Antiochus* dit *le grand*, avait attaqué les Mèdes et les Parthes, et s'était emparé de Sardes, de la Phénicie et de la Cœlé-Syrie. L'ancien royaume de Perse n'obéissait plus aux rois de Syrie; il était sous la domination des Parthes, auxquels commandaient les Arsacides ou descendans d'*Arsace*.

Antiochus dit *Épiphanes* ou l'*illustre* dépose *Onias* le grand-prêtre des Juifs, assiége Jérusalem, la prend, profane le temple, y sacrifie à Jupiter olympien, emporte les vases les plus précieux et commet d'horribles cruautés. 170 ans av. l'ère vulgaire.

Un prêtre juif, nommé *Matathias*, de la famille des *Machabées* ou des *Asmonéens*,

n'avait pu supporter ces affreuses persécutions, ni cette violation d'un temple si cher
à ses compatriotes; il se retire sur la montagne de Modin avec cinq de ses fils et plusieurs Juifs dévoués avec ardeur à leur patrie infortunée; il voit un officier d'Antiochus qui contraint un Israélite à sacrifier
aux dieux de son souverain, devenu si peu
digne du titre d'*Épiphanes;* il immole l'officier, il tue même le Juif qui n'a pas eu la
force de braver la mort; et, ne voulant plus
rien ménager, il forme une troupe armée de
ceux qui l'ont suivi et de ceux qu'embrase un
égal désir de délivrer leur pays des malheurs
qui l'accablent, déploie un courage héroïque,
parcourt la Judée, détruit les idoles que la
terreur avait déjà fait encenser, rétablit le
culte de son Dieu, obtient chaque jour de
nouveaux succès, et laisse, en mourant, à
son fils *Judas-Machabée* l'autorité que son
courage, son zèle, les circonstances et la victoire lui avaient donnée sur le peuple juif.

Judas, que l'on a considéré comme le second prince des Israélites de la famille des
Asmonéens, surpasse son père : il augmente
la petite armée des Juifs fidèles à leur patrie
et à la loi de Moïse, supplée au nombre par
son génie, son activité, sa valeur, l'art d'entretenir ou d'accroître l'enthousiasme de ses
soldats, la connaissance du pays et son admirable constance à profiter des défilés et à
choisir les positions les plus avantageuses;
défait en plusieurs batailles divers généraux
d'Antiochus, et remporte ensuite une grande
victoire sur Antiochus lui-même.

Antiochus Eupator, successeur d'Épiphanes, marche contre Judas-Machabée avec
quatre-vingt mille hommes de pied et quatre-vingts éléphans. L'habileté de Judas et
le courage des Juifs l'emportent de nouveau, et Eupator est défait. Machabée, tant 164 ans
de fois et si glorieusement vainqueur, avait av. l'ère vulgaire.
rétabli Jérusalem et dédié le temple avec
une solennité que les Juifs rappellent et cé-

lèbrent encore aujourd'hui; il bat les Iduméens et les Ammonites, est tué dans une
bataille que gagne un général du roi de
Syrie, et inspire, par sa mort, les plus
grands regrets aux Juifs reconnaissans, qui
lui décernent de magnifiques funérailles.

Son frère *Jonathas* le remplace, force un
général syrien à consentir à la paix, défait
quelque temps après *Démétrius Soter,* roi
de Syrie, et remporte une autre victoire sur
Apollonius, général de ce roi.

Simon-Machabée, autre frère de Judas,
succède à Jonathas dans le gouvernement
des Juifs, fait admirer son courage et sa
prudence, consolide l'indépendance de sa
patrie, renouvelle l'alliance des Juifs avec
les Spartiates, et repousse les Syriens.

Hyrcan, fils de Simon, succéda à son
père, continua avec gloire le gouvernement
des Asmonéens, réunit à la puissance temporelle le sacerdoce suprême, soutint le
siége de Jérusalem contre *Antiochus Sidètes,*

roi de Syrie, soumit les Iduméens, détruisit le temple de Garizim, détesté par les Juifs fidèles au culte mosaïque, s'empara de Samarie et rendit à ses compatriotes les lois qui leur étaient les plus chères, et dont ils avaient été privés tant de fois pendant la domination des Assyriens ou des Grecs de Syrie.

Le grand *sanhédrin*, que mon illustre collègue, M. le marquis de Pastoret, regarde comme institué par Moïse, existait toujours parmi les Juifs. Ce tribunal suprême avait été composé, avant Esdras, de soixante-dix magistrats, dont ce chef des Juifs porte le nombre jusqu'à cent vingt; et ses attributions très-multipliées étaient d'une haute importance.

Les rois de Syrie ne furent pas les seuls contre lesquels les Juifs eurent à se défendre depuis la mort d'Alexandre; le peuple de Juda eut aussi à combattre les rois de l'Égypte.

Ptolémée Lagus, l'un des plus intimes

favoris et des plus habiles capitaines du grand conquérant, avait eu l'Égypte pour son partage. Son général Nicanor avait soumis une grande partie de la Syrie, la Phénicie et l'île de Chypre; il s'était emparé de Jérusalem, qu'il avait surprise sous le prétexte de vouloir y sacrifier, et avait mené des bords du Jourdan en Égypte des captifs, dont on a porté le nombre jusqu'à cent mille : vainqueur d'Antigone auprès de Gaza, il avait gagné avec Séleucus et Lysimachus la bataille d'Ipsus en Phrygie, où Antigone perdit la vie. Auteur, suivant Arrien, d'une histoire des conquêtes d'Alexandre, il avait fait bâtir le phare d'Alexandrie, placé par les anciens au rang des sept merveilles du monde; et c'est sous son règne que, dans cette même ville d'Alexandrie, le célèbre *Euclide*, auteur des *Élémens de géométrie*, avait donné des leçons de mathématiques.

285 ans av. l'ère vulgaire.

Ptolémée, fils de Lagus, lui succéda; il fit mourir ses frères qui avaient conspiré

contre lui, et fut nommé *philadelphe* (qui
aime ses frères) par une cruelle ironie. Il voulut faire oublier ce terrible événement : il en-
couragea le commerce, que favorisait si puissamment un canal qui aboutissait à la mer
Rouge, et répandait en Europe les richesses
de l'Inde; il établit avec les soins de Démétrius de Phalère la bibliothèque d'Alexandrie, si renommée parmi les anciens, y plaça
plus de vingt mille volumes, en célébra la
dédicace comme celle d'un temple, institua
des jeux en l'honneur d'Apollon et des Muses, eut long-temps à sa cour, et traita de
la manière la plus digne d'un grand poète
et d'un grand roi, *Théocrite* de Syracuse,
si célèbre par ses belles idylles; voulut traduire d'hébreu en grec, par le conseil de
Démétrius, en qui il avait chaque jour plus
de confiance, les livres de Moïse et les autres
livres sacrés des Juifs, réunit pour ce travail, 271 ans
à Alexandrie, soixante-dix Israélites que lui av. l'ère
vulgaire.
envoya le grand-prêtre Éléazar; donna la

liberté aux nombreux captifs transportés de
la Judée en Égypte, et renvoya les *septante*
comblés de biens, d'honneurs, et chargés
de riches présens pour leur grand-prêtre.

Un de ses successeurs, *Ptolémée Physcon*, nommé aussi *Cacourgètes* (malfai-
sant), se rendit si odieux par ses cruautés,
qu'un très-grand nombre d'habitans d'Alexandrie quittèrent leur patrie. Les savans qui
sortirent de cette ville se répandirent dans
l'Asie mineure, dans les îles de l'archipel et
dans la Grèce, et y augmentèrent le goût des
sciences.

Ptolémée Lathyre, fils de Physcon,
ne put pardonner à Alexandre-Jannée, fils
d'Hircan, et qui, à l'exemple de son frère
Aristobule, avait pris le titre de roi des
Juifs, d'avoir aidé Cléopâtre sa mère à lui
ôter la couronne pour la donner à Ptolé-
mée-Alexandre son frère. Mais sa vengeance ne tomba pas seulement sur Alexandre-Jannée, prince si horriblement cruel

que, pendant qu'il donnait un festin à ses
concubines, il avait fait crucifier huit cents
Israélites pris dans une insurrection, et massacrer leurs femmes et leurs enfans. Ptolé-
mée-Lathyre entra dans la Judée avec l'armée qui lui était restée fidèle, battit les Juifs
près des bords du Jourdain, et en fit un
carnage affreux.

Tyr, qui avait été si fameuse et avait
commandé aux mers par ses vaisseaux et
son commerce, détruite par Nabuchodonosor, rebâtie dans une île, renversée par
Alexandre, relevée de ses ruines, mais conquise ensuite par Antigone, avait perdu
avec sa liberté ses richesses, sa puissance et
sa renommée. Dans le temps reculé où elle
gémissait sous la tyrannie de *Pygmalion*
son roi, ou plutôt son avare et cruel tyran,
ce prince détesté fit périr son beau-frère
Sichée ou *Sicharbas*, dans l'affreuse espérance d'avoir ses trésors. *Didon*, veuve de
Sichée et sœur de Pygmalion, vit tous les

dangers qui la menaçaient, s'échappa de Tyr avec les trésors qui avaient causé la mort de son malheureux Sichée, et alla avec quelques Tyriens fonder sur la côte septentrionale de l'Afrique la ville de Carthage, que devaient rendre si célèbre ses navigations, son commerce, ses conquêtes, ses grands hommes et sa lutte si glorieuse contre *la ville éternelle,* destinée à être la maîtresse du monde! Cette ville éternelle n'était pas encore fondée; l'Italie, dont elle devait être l'ornement et la force, était habitée par divers peuples plus ou moins éloignés de l'état à demi sauvage. Presque tous ces peuples étaient *Celtes* ou *Scythes* occidentaux. On y distinguait ceux qui portaient les noms d'*Umbri,* de *Siceli,* d'*Ausones* ou *Opici. OEnotrius* ou *Janus,* à la tête d'une colonie de Pélasges, arrive par mer d'Arcadie dans le Latium, Vers le en chasse les *Siceli,* et y porte le dialecte

13.e siècle av. l'ère éolien, qui devient la base du latin. C'est

vulgaire. cette colonie qui, suivant la mythologie

grecque et romaine, reçoit Saturne chassé d'Arcadie par Jupiter. Combien de circonstances heureuses devaient se réunir à cette époque où la navigation était si imparfaite, pour que des hommes partis du Péloponèse pussent traverser l'extrémité de l'Adriatique, tourner la Sicile et venir débarquer sur les rives du Latium !

C'est à des temps antérieurs à l'arrivée de ces Pélasges qu'il faut rapporter ces constructions que l'on a nommées *cyclopéennes*, comme pour rappeler les travaux des premiers habitans de la terre, doués de la force remarquable des demi-sauvages, de leur ouïe très-fine, de leur odorat exquis, de leur vue perçante, et auxquels l'imagination des poètes ou premiers historiens s'est plu à donner une taille énorme et des formes gigantesques. C'est à mon savant confrère, M. Rondelet, de l'Institut de France, que l'on doit de vives lumières sur ces constructions cyclopéennes, faites avec de gros blocs polygones ou à plusieurs angles et à plusieurs faces, qui semblent avoir demandé, pour être transportés, rassemblés et élevés en murs plus ou moins épais, les bras vigoureux des géans. On a trouvé ces blocs, ainsi disposés en murailles plus ou moins hautes, dans les pays montagneux de l'Asie mineure, de la Thrace, de la Grèce, de la grande Grèce ou Italie méridionale peuplée par des colonies grecques des autres parties de l'Italie, de la Corse et de plusieurs autres contrées. Ces murs, composés de blocs polygones, ont été construits avant que le progrès des arts n'eût fait appliquer à l'architecture la scie, le ciseau, le marteau et les autres instrumens avec lesquels on donne aux pierres la forme que l'on juge la plus convenable. Ils ont précédé l'arrivée, en Grèce, des colonies égyptiennes ou phéniciennes, et en Italie, des colonies grecques qui, à l'imitation des égyptiennes et des phéniciennes, ont bâti avec des assises de parallélipipèdes.

Quelque temps après l'arrivée des Pélasges d'Arcadie, d'autres Pélasges d'Hæmonie, en Thessalie, s'embarquent, entrent dans l'Adriatique, débarquent à l'embouchure du Pô, pénètrent dans l'Étrurie, s'établissent à Crotone et dans d'autres endroits, et quelque temps encore plus tard, d'autres Pélasges de Lydie descendent en Italie sur les rivages de la mer tyrrhénienne.

Une opinion religieuse et politique régnait parmi les Romains : ils croyaient qu'*Énée*, prince troyen et dont la patrie était voisine de la Lydie, avait survécu à la destruction de la fameuse Troie, était monté avec ses compagnons sur des vaisseaux tels qu'on les construisait à cette époque, était parvenu, après de grandes traverses et de grands malheurs, sur les rivages voisins du Latium, où régnait *Latinus*, avait vaincu *Turnus* roi des Rutules, à qui on avait promis la main de Lavinie, fille du roi du Latium, et avait épousé cette princesse. Le génie de

Virgile et son admirable talent ont immortalisé cette opinion.

Vers le temps où l'on suppose cette arrivée d'Énée, sa victoire et son mariage, des Celtes ou Scythes occidentaux occupaient la Gaule et presque toutes les contrées situées entre l'Adriatique, la Vistule, la Baltique et l'océan Atlantique. Ils avaient de grands rapports avec les Indiens; ils étaient, comme eux, divisés en castes; ils avaient leurs guerriers et leurs prêtres, qu'on a nommés *Druïdes*. Les *Germains*, autre grande nation venue de la Scythie, se répandent dans la vaste contrée ou plutôt dans les immenses forêts au sol desquelles on a donné le nom de *Germanie*; ils enlèvent d'ailleurs aux Celtes le nord de la Gaule, l'Écosse et plusieurs contrées maritimes de la Grande-Bretagne. On doit leur rapporter, suivant un savant et célèbre auteur anglais, M. James Cowles Prichard, les Gutes, les Teutons et les Cimbres, du sud de la Baltique; les

Goths, les Swèdes et les Norwégiens, de la Scandinavie; les Calédoniens et les Pictes, de l'Écosse; et les Belges, du sud de la Grande-Bretagne et du nord de la Gaule; et selon ce même auteur, on trouve de grands rapports dans la construction du discours et dans les noms des objets les plus anciennement connus entre les langues de ces Germains, des Celtes, des Pélasges, et par conséquent des Perses et des Indiens.

Les Phéniciens, ces navigateurs si intrépides, et ces commerçans si hardis, avaient peut-être dans le même siècle établi de grandes relations avec l'Espagne; ils avaient reconnu la partie méridionale de cette péninsule, et Goguet ne doute pas qu'il ne faille chercher dans la langue phénicienne l'étymologie du nom qu'elle porte; ils s'aperçurent, en parcourant la côte méridionale de l'Espagne, que la Méditerranée communiquait par un détroit avec une autre mer; ils osèrent se hasarder à suivre ce détroit,

sortirent de la Méditerranée, entrèrent dans
l'océan et prirent terre à la côte occidentale
de l'Espagne. Avant peu d'années ils envoyè-
rent des colonies dans cette Bétique si célébrée
par les poètes, et que le génie et la belle ame
de Fénélon ont parée de tant de charmes;
mais où la vérité ne peut placer qu'un peuple à demi sauvage, favorisé par un des plus
heureux climats. Ils y formèrent des établissemens; ils y fondèrent des villes; ils virent
très-près du rivage une île où ils pouvaient
déposer avec avantage et sûreté ce qu'ils ap-
portaient de l'Asie; ils y bâtirent une ville
qu'ils nommèrent *Gadir* (refuge, enclos), et
qui est devenue *Gadix* et *Cadix*. Les habitans de la péninsule avaient beaucoup d'or
et d'argent; mais ils ne connaissaient pas le
prix de ces métaux, et les employaient à de
vils usages. Les Phéniciens emportèrent dans
leur patrie une grande quantité de cet argent
et de cet or, en échange de l'huile et de quelques autres objets de peu de valeur qu'ils

donnèrent aux bons habitans de la Bétique et d'autres contrées de la péninsule. Indépendamment de l'or et de l'argent, les négocians phéniciens retiraient de l'Espagne de la cire, du miel, de la poix, du vermillon, du fer, du plomb, du cuivre et de l'étain, dont ils faisaient, dans la Grèce, dans ses îles et dans l'Asie occidentale, un commerce exclusif.

Ils naviguaient aussi le long des rivages occidentaux de l'Afrique; et Strabon même a écrit qu'ils y avaient bâti quelques villes.

Les Carthaginois imitèrent bientôt les Phéniciens, dont ils étaient issus. Ils se livrèrent au commerce avec ardeur, et ne négligèrent aucune occasion de l'étendre. Leur gouvernement était alors républicain, et ses formes et son action favorisaient la navigation, le négoce et les conquêtes qui pouvaient l'augmenter.

Une grande rivale va cependant naître contre Carthage. *Numitor*, roi d'Albe et du Latium, est détrôné par son frère *Amulius*.

Rhéa Sylvia, fille de Numitor, mise au nombre des prêtresses qui devaient garder leur virginité, prétend qu'elle est enceinte du dieu Mars, donne le jour à deux jumeaux, *Rémus* et *Romulus*. Amulius les fait exposer sur une rive du Tibre couverte de bois. Une louve, attirée par leurs cris, approche ses mamelles de leurs bouches. Un berger les découvre, les porte chez lui et les élève en secret. Devenus grands, forts et audacieux, ils réunissent des brigands dans les nombreuses forêts limitrophes, et des esclaves échappés des fers de leurs maîtres, attaquent leur grand-oncle Amulius, le renversent du trône et rendent la couronne à leur grand-père Numitor. Rémus meurt ; Romulus fonde une ville sur ces bords du fleuve où Amulius avait voulu qu'il trouvât la mort ; il lui donne, d'après son nom, celui de *Rome,* que le monde devait prononcer avec tant d'admiration et d'effroi. Auprès de Rome était un bois consacré depuis long-

152 ans av. l'ère vulgaire.

temps; Romulus fait un asile de ce bois et de sa ville. Bientôt on voit accourir dans la nouvelle enceinte des bergers latins, des Toscans, des Phrygiens, dont les aïeux avaient débarqué, dans le temps, sous la conduite d'Énée; des descendans des Arcadiens qu'*Évandre* avait amenés plus anciennement encore du Péloponèse en Italie. Les nouveaux Romains manquent de femmes; les peuples voisins leur en refusent. On annonce des jeux équestres; les jeunes filles, et particulièrement les jeunes Sabines qui assistent au spectacle, sont enlevées par les Romains. La guerre s'allume; les Véiens sont mis en fuite; la ville des Céciniens est prise et détruite; mais les Sabins pénètrent dans Rome. Romulus implore Jupiter *stator;* les Sabines déjà enlevées par les Romains se précipitent éplorées entre les combattans : ils retiennent leurs armes. La paix est jurée par *Tatius,* roi des Sabins. Plusieurs des anciens ennemis de Rome

viennent s'établir dans son enceinte. Romulus organise son nouvel État. La jeunesse,
divisée en tribus, est toujours prête à défendre la ville; les vieillards en composent le
conseil : on les nomme *pères,* à cause de leur
autorité; et *sénateurs,* à cause de leur âge.

Le caractère de Romulus déplaît cependant au sénat, le fatigue et l'irrite. Un orage
terrible survient pendant une grande assemblée du peuple ; il est suivi d'une éclipse de
soleil : l'obscurité est profonde, Romulus a
disparu. Le sénat, selon quelques historiens,
l'a massacré; mais les sénateurs annoncent
au peuple son enlèvement dans le ciel. On
l'a vu, dit Jules Proculus au peuple romain,
sous une forme auguste; il ordonne de le
reconnaître pour une divinité : on le nom-
mera *Quirinus;* et la ville qu'il a fondée
deviendra la maîtresse du monde.

Rome donne le sceptre à *Numa Pompi-*
lius, né à Cures, ville des Sabins : il se dit
inspiré par la nymphe Égérie; il confie à

des vierges le feu sacré de Vesta, qui, semblable au feu céleste des astres, brûle pour
le salut de l'empire; il règle les sacrifices et
toutes les cérémonies du culte, institue les
pontifes, les augures, les divers colléges des
prêtres et les *saliens,* auxquels il confie les
mystérieux *anciles* ou boucliers, gages sacrés de la prospérité de la ville; divise l'année en douze mois, et distingue dans chaque
mois les jours heureux et les jours malheureux.

Tullus Hostilius fut roi de Rome après
Numa Pompilius. Il créa la discipline militaire des Romains; il leur fit connaître un
art de la guerre; il attaqua les Albains qui,
pendant long-temps, avaient dominé sur
une grande partie de l'Italie. De nombreux
et sanglans combats furent livrés. Chacun
des deux peuples choisit trois frères connus
par leur valeur, pour décider de sa destinée.
Les *Horaces* furent choisis par Rome; Albe
nomma les *Curiaces.* Un Horace survécut

à ses deux frères, donna la mort aux trois Curiaces et l'empire aux Romains. Les Albains trahirent bientôt leurs alliés. Tullus Hostilius fit subir un supplice affreux à l'auteur de la perfidie, détruisit Albe, et en transporta les habitans et les richesses dans Rome.

640 ans av. l'ère vulgaire. *Ancus Martius*, petit-fils de Numa, succéda à Tullus Hostilius. Pacifique comme son grand-père, il entoura Rome d'une haute muraille, construisit un pont sur le Tibre, et bâtit la ville d'Ostie à l'embouchure de ce fleuve.

616 ans av. l'ère vulgaire. *Tarquin*, né à Corinthe et époux d'une Toscane ou Étrusque, brigue la royauté et l'obtient après Ancus Martius. Son esprit, sa valeur, son adresse et l'*élégance* de ses manières réunissent les suffrages. Il augmente le nombre des sénateurs, ajoute des tribus aux centuries et attaque les Étrusques, dont la civilisation était déjà avancée, qui cultivaient les arts avec succès, et

auxquels on a dû ces vases si recherchés qui portent leur nom et que les nations les plus industrieuses de l'Europe ont imités avec tant de soin. Après de fréquens combats, il soumet les douze peuples de l'Étrurie, rentre dans Rome à la tête de son armée victorieuse, y introduit l'usage des *faisceaux*, des *trabées* rayées de blanc, d'or et de pourpre, et qui devaient distinguer les fils des patriciens ou sénateurs; des *chaises curules* ornées d'ivoire, des *anneaux*, des *phalères*, des *paludamenta* ou larges manteaux militaires, attachés sur l'épaule avec une boucle; des *prétextes* bordées de pourpre, des robes richement peintes, des tuniques à palmes d'or, des chars dorés, attelés de quatre chevaux et destinés pour les triomphateurs; commence le Cirque et fait venir d'Étrurie les athlètes et les chevaux.

Le peuple romain se repose sous *Servius* 577 ans *Tullius*, gendre et successeur de Tarquin, av. l'ère vulgaire. comme il s'était reposé sous Numa et sous

Ancus Martius. Il prend de nouvelles forces dans ce repos de la paix, nécessaire à certaines époques aux nations les plus belliqueuses, et se prépare à de nouvelles guerres. Servius fait un recensement de ce peuple, dont les progrès commençaient à répandre des alarmes, et le distribue en curies et en colléges.

534 ans av. l'ère vulgaire. *Tarquin* dit *le superbe* était gendre de Servius ; il veut succéder promptement à son beau-père, le fait assassiner, et, ce qui est horrible à dire, sa femme *Tullie* fait passer son char sur le corps sanglant de son père. On n'ose pas lui ôter la couronne qu'il a ravie par un si grand forfait. La hache du tyran tombe sur les têtes des sénateurs; et rien n'égale son orgueil, *plus insupportable pour les bons que la cruauté,* dit *Florus,* historien de Rome. Fatigué, mais non rassasié de crimes, il porte la guerre chez les voisins de Rome, et s'empare d'Ardée, d'Ocricule, de Gábie et de Suessa-Pometia, la

ville la plus puissante du pays des Volsques. Sa cruauté continue; on la supporte : mais son fils Sextus viole la vertueuse Lucrèce; elle ne peut supporter le jour, elle se donne la mort. Rome se lève indignée, et la royau- té est détruite avec la tyrannie. *Quand on fait un affront à un peuple,* a dit le grand Montesquieu, *il ne sent que son malheur, et il y ajoute l'idée de tous les maux qui sont possibles.*

Brutus, dont Tarquin avait fait mourir le père et le frère, et *Collatin,* le mari si outragé de Lucrèce, sont élevés à la pre- mière magistrature; mais ils sont *deux :* on les nomme *consuls,* et l'autorité consulaire, conférée par le peuple, ne doit durer qu'un an.

Le peuple romain embrasse la liberté et proclame la république avec le plus vif en- thousiasme. Les deux fils de Brutus conspi- rent pour rappeler Tarquin; Brutus les con- damne à la mort; leurs têtes tombent sous la hache des licteurs, et le père infortuné

509 ans av. l'ère vulgaire.

sacrifie une seconde fois à sa patrie bien plus
que sa vie, en continuant de la servir après
le plus grand des malheurs.

Le consul Collatin est de la famille du tyran; il est suspect, il ne peut ni garder les
faisceaux consulaires, ni habiter la ville
libre, il s'éloigne de Rome. Valérius Publi-
cola est nommé pour remplacer Collatin : il
veut, dit Florus, augmenter la majesté du
peuple qui a conquis sa liberté; il abaisse les
faisceaux devant l'assemblée du peuple, fait
décider qu'on pourra appeler à cette assemblée des jugemens des consuls, et démolit
une maison qu'il bâtissait sur une colline,
et qui aurait pu ressembler à une citadelle.

La république naissante effraye les peuples voisins, et surtout les rois. Il semble
aux monarques que leur couronne chancelle,
et que leurs sujets vont se lever, comme les
Romains, pour les chasser du trône. *Porsenna,* qui règne à Clusium dans l'Étrurie,
veut, pour dissiper ses alarmes, forcer Rome

à obéir de nouveau à Tarquin ; il parvient à camper sur le Janicule avec des forces supérieures. Les Romains font des prodiges de valeur. Horatius-Coclès, Mutius-Scévola et la jeune Clélie s'immortalisent. Porsenna admire les nouveaux républicains, et, désespérant de les soumettre, leur offre la paix et son alliance.

Plusieurs guerres se succèdent avec les Éques, les Volsques, les Véiens, les Falisques et les Fidénates, jaloux de Rome et voulant abattre une ville qui semblait destinée à les vaincre et à leur commander : Rome triomphe de leurs efforts. Mais les riches patriciens de la république font exécuter avec une dureté des plus grandes les *contraintes* relatives aux dettes que les pauvres ont contractées avec eux. Le peuple se soulève contre les consuls et les sénateurs, abandonne les murs sacrés de Rome et se retire sur le mont Aventin. Les patriciens sont contraints de lui accorder des magistrats particuliers, que l'on nomme *tribuns du peuple*, et qu'on revêt du droit d'assembler les citoyens et de les défendre contre le sénat lui-même, en recourant à l'appel.

Les divisions continuent entre les deux ordres, les patriciens et les plébéiens. Les sages voient combien ces dissentions civiles menacent l'existence de l'État. On convient de faire des lois qui garantissent les droits du peuple, fortifient l'égalité républicaine et assurent le repos de Rome. Chacun des deux ordres veut établir ces lois : on s'accorde néanmoins ; on envoie une ambassade en Grèce, pour demander les institutions de ses principales cités, et particulièrement les lois de Solon, les plus favorables à la démocratie. Les ambassadeurs rendent à la Grèce, à Athènes et à Solon, cet éclatant hommage ; ils reviennent avec le précieux dépôt désiré par les Romains. Dix citoyens sont choisis pour rédiger les nouvelles lois. On les revêt des plus grands pouvoirs. Ils promulguent les *lois des douze tables* ; ils 450 ans av. l'ère vulgaire. abusent de leur puissance et veulent la conserver : ils deviennent tyrans. Appius, l'un d'eux, conçoit une passion coupable, oublie le destin des Tarquins, monte sur son tribunal, qu'il ne craint pas de profaner, déclare que Virginie, qu'il aime, est l'esclave d'un infame qui doit la lui livrer. Au moment où cette jeune victime va être abandonnée à ses ravisseurs, son père *Virginius* arrive, ne peut supporter l'idée du malheur de sa fille ; furieux, désespéré, hors de lui-même, préfère sa mort à sa honte, lui enfonce un poignard dans le sein, court en délire sur le mont Aventin, y réunit ses compagnons d'armes, est secondé par le sénat, le peuple et l'armée ; assiége les tyrans, les prend, les enchaîne, les précipite dans les prisons ; et la mort de Virginie détruit le décemvirat, comme celle de Lucrèce avait détruit la royauté.

La république de Carthage déployait cependant une grande puissance. Son commerce devenait sans cesse plus florissant; et elle ne négligeait aucune tentative pour en accroître la prospérité; elle envoya *Hannon* visiter les côtes occidentales de l'Afrique. Il paraît que, sorti de la Méditerranée par le détroit de Gibraltar, il s'avança assez loin vers l'équateur, vit plusieurs contrées africaines encore inconnues, et qui sait jusqu'où il aurait conduit les vaisseaux de Carthage, si le défaut de vivres ne l'eût forcé à revenir vers sa patrie.

De nouvelles victoires ajoutaient aux trophées et à la puissance des Romains. Un ennemi, auquel ne s'attendait pas la république, vint suspendre ce cours de prospérités. Des Gaulois-Sénonois, qu'un historien romain a peints comme féroces, ayant des mœurs presque barbares, et si terribles par leur stature énorme et par la grandeur de leurs armes, qu'ils paraissaient nés pour la mort des hommes et la destruction des

villes, avaient passé les Alpes et s'étaient
établis entre le Pô et ces hautes montagnes.
Mais, peu contens de ce séjour trop étroit
pour leur nombre et pour leurs projets, ils
s'étaient répandus dans l'Italie et assiégeaient
Clusium, une des anciennes villes étrusques. Le peuple romain intervint par des
ambassadeurs en faveur de ses alliés et de
ses confédérés. Les envoyés combattirent
avec les Clusiens : les Gaulois les dénoncè-
rent au sénat; les envoyés, au lieu d'être
punis ou désavoués, furent nommés tribuns
militaires. Les Gaulois déclarent la guerre
aux Romains et marchent vers Rome. Le
consul Fabius les rencontre sur les bords
de l'Allia; son armée est taillée en pièces ;
le vainqueur s'approche de la ville, elle est
sans défense. Mais voyez jusqu'où allait
dans Rome l'amour de la patrie, et comme
son immortel dévouement annonce qu'elle
deviendra la maîtresse du monde. Les vieillards élevés aux plus grands honneurs se

rassemblent dans le Forum; le pontife les
dévoue à la mort : ils se consacrent aux
dieux mânes, se retirent devant leurs maisons, se revêtent de la trabée, se placent
sur leurs chaises curules et attendent fière-
ment l'ennemi et le destin. Les pontifes et
les *flamines* enfouissent dans la terre une
partie des objets religieux des temples, placent les autres objets sacrés sur des chariots
et s'éloignent. Les femmes et les enfans les
suivent. Les vestales accompagnent nu-pieds
cette retraite patriotique et pieuse, et emportent le feu mystérieux, qu'elles ne veulent pas laisser s'éteindre. Les jeunes Romains se renferment dans la citadelle du
mont Capitolin, sous la conduite de Manlius, invoquent Jupiter, dont ils défendent
le temple, et jurent de mourir plutôt que
de se rendre. Les Gaulois arrivent, trouvent
la ville ouverte et changée, pour ainsi dire,
en une vaste solitude; ils se précipitent dans
les rues, voient les vieillards revêtus de leurs

toges et assis sur leurs chaises curules, s'ar-
rêtent et se prosternent comme devant des
dieux; mais bientôt ils les massacrent, lan-
cent sur les toits des torches enflammées,
et la ville n'est plus qu'un monceau de cendres.

Pendant six mois ils assiégent en vain le
Capitole; une nuit ils gravissent en silence
contre la roche sur laquelle il s'élève, et
sont près de pénétrer dans les retranche-
mens; les cris d'une oie réveillent Manlius,
il précipite l'ennemi du haut de la roche
escarpée.

Les Gaulois, fatigués de la longueur du
siége, consentent à se retirer en recevant
mille livres d'or; ils mettent un glaive dans
un des bassins de la balance destinée à pe-
ser ces mille livres; ils disent avec orgueil,
malheur aux vaincus. Mais à l'instant
Camille, nommé dictateur, arrive à la tête
des Romains réunis sous le magistrat suprême et temporaire qui peut tout, excepté

faire des lois ; attaque les Gaulois, en fait le plus grand carnage, délivre son pays, reçoit les noms de second Romulus et de restaurateur de la patrie, et poursuit les Gaulois, qui, taillés en pièces sur les bords de l'Anio ou Teverone, et ensuite près du lac de Vadimon en Étrurie, par Dolabella, et combattus sans relâche par *Manlius Torquatus, Lucius Valérius Corvus* et tant d'autres héros, disparaissent presque tous de la surface de la terre.

Après cette guerre, où Rome sortit triomphante et plus puissante que jamais de l'abyme dans lequel elle avait été précipitée, les habitans de la Campanie étaient les alliés ou plutôt les sujets de Rome, à laquelle ils s'étaient en quelque sorte donnés. Quel tableau l'historien romain Florus fait de cette Campanie ! Il l'appelle la plus belle contrée de l'univers ; son ciel est le plus doux ; deux fois chaque année elle se pare des fleurs du printemps ; sa terre est des plus fertiles. Les rivages de la mer qui l'arrose offrent les ports de Caiète, de Misène et de Bayes; et non loin de ces mêmes rivages sont les paisibles lacs de Lucrin et d'Averne. Ses monts verdoyans sont couverts des vignes qui produisent le *Gaurus*, le *Falerne*, le *Massicus*. On y voit s'élever, continue l'historien, le Vésuve embrasé comme l'Etna; et on y admire les cités florissantes de Formies, de Cumes, de Putéole, de Naples, ville grecque nommée aussi Parthenope, Herculanum, Pompéia, et la capitale de toutes ces villes, Capoue, comptée parmi les plus grandes cités avec Rome et Carthage.

Les Romains veulent défendre cette Campanie contre ses voisins les Samnites, qui, d'ailleurs, ont juré la destruction de Rome.

Ces Samnites étaient nombreux, courageux et opulens. La guerre qu'on leur déclara eut des succès divers; la fortune de Rome sembla l'abandonner : l'armée romaine, enfermée dans un défilé, posa les armes et passa sous le joug auprès de Caudium ; mais les Romains, sous la conduite de *Papirius*, eurent bientôt effacé leur honte ; les Samnites furent vaincus ; leurs villes détruites, et les ruines de leurs cités dispersées et en quelque sorte anéanties. Cette guerre, dont la fin fut si heureuse pour Rome, avait duré cinquante ans, et lui avait donné vingt-quatre fois la gloire du triomphe.

Fabius Maximus défit les Étrusques réunis aux Ombriens et aux restes des Samnites. *Décius*, qui était consul avec Fabius, étant accablé par l'ennemi dans le fond d'une vallée, se dévoua aux dieux mânes, comme son père s'était dévoué dans une circonstance semblable ; et sa mort, en doublant le courage des Romains qu'il commandait, leur donna la victoire.

Presque toute l'Italie était soumise à Rome, et paraissait ne pouvoir plus se soustraire à sa puissance. Les contrées dont

Tarente était la capitale, étaient presque seules indépendantes des Romains. Cette ville de Tarente, bâtie par les Lacédémoniens, et devenue la capitale de la Calabre, de l'Apulie et de la Lucanie, était remarquable par sa grandeur, son vaste théâtre, ses murs, son port, sa situation à l'entrée du golfe adriatique, et la facilité avec laquelle elle envoyait ses vaisseaux en Istrie, en Illyrie, en Épire, en Achaïe, en Sicile et en Afrique. Ses habitans célébraient des jeux lorsqu'ils aperçurent une flotte romaine qui ramait vers leur rivage; ils coururent vers ces vaisseaux étrangers, les regardèrent comme ennemis, les insultèrent, et plus tard, outragèrent les ambassadeurs chargés par Rome de se plaindre des insultes faites à sa flotte. La guerre s'alluma avec rapidité; plusieurs peuples prirent les armes en faveur des Tarentins, et on vit arriver au secours de cette ville de la grande Grèce, et pour commander ses troupes, *Pyrrhus,* roi d'Épire, un des plus grands généraux de l'antiquité, et que suivaient un grand nombre de guerriers de l'Épire, de la Thessalie et de la Macédoine; beaucoup de cavalerie et des éléphans armés en guerre, qui inspiraient un effroi d'autant plus grand qu'on n'avait jamais vu d'éléphans en Italie.

Le premier combat eut lieu près d'Héraclée et du fleuve Liris. Le Romain *Obsidius*, à la tête d'une troupe de *Férentins*, attaque si vivement le roi, qu'il l'oblige à quitter le champ de bataille; mais l'ennemi fait avancer les éléphans, et leur grandeur, leur forme, leur odeur et leurs cris effrayent tellement les chevaux des Romains, qu'ils s'enfuient et portent dans tous les rangs le désordre et la défaite. Les Romains tués sur le champ de bataille ne sont blessés cependant qu'à la poitrine. Le glaive est encore dans leurs mains : on voit la menace sur leurs fronts; ils ne vivent plus, mais leur brûlante animosité respire encore.

Pyrrhus admire la valeur de ses ennemis, fait brûler leurs morts avec respect,
rend les prisonniers sans rançon et s'avance
à une petite distance de Rome. Il avait
pour ministre *Cinéas*, disciple de Démosthènes, célèbre par son éloquence et son
habileté, et qui a donné un abrégé du livre
d'*Énée le tacticien* sur la défense des places. Pyrrhus l'envoie à Rome demander au
sénat l'amitié des Romains. Le sénat, iné-
branlable dans les principes qui devaient
tant contribuer à la grandeur de Rome, et
après avoir entendu un discours véhément
d'*Appius*, qui était aveugle, répond que, si
Pyrrhus veut l'amitié des Romains, il ne
doit la demander qu'après être sorti de
l'Italie.

Cinéas porte à Pyrrhus cette admirable
réponse. *Que pensez-vous de Rome?* lui
dit le prince étonné. *La ville m'a paru un
temple*, répond Cinéas, *et le sénat une
assemblée de rois.*

II. 17

Le consul Fabricius renvoie au roi d'É-
pire le médecin qui lui avait proposé d'em-
poisonner ce monarque, et rejette avec la
simplicité la plus noble les richesses que
Pyrrhus lui fait offrir dans l'espérance de
le gagner.

Les Romains forment une nouvelle ar-
278 ans mée; une seconde bataille est livrée dans
av. l'ère
vulgaire. l'Apulie auprès d'Osculum. Les éléphans
n'effrayaient presque plus; plusieurs furent
percés de traits, ou leurs tours de bois,
remplies de guerriers, furent embrasées. Les
Romains se battirent avec une grande valeur; la victoire fut balancée. *Qu'il me serait*
facile, s'écrie Pyrrhus, *de conquérir le*
monde, si mes soldats étaient Romains,
ou aux Romains, si j'étais leur général.

Plus d'un siècle avant cette époque, les
Carthaginois avaient porté la guerre en Sicile et s'étaient emparés d'une grande partie
de cette île fameuse et si fertile. *Denys,*
premier du nom, cet horrible tyran de Sy-

racuse, les avait chassés de leurs conquêtes.
La guerre s'était souvent renouvelée entre
les Carthaginois et les Siciliens. La possession de l'île aurait été si utile au commerce
de Carthage. *Giscon* y avait commandé les
troupes de la république africaine, trois cent
neuf ans avant l'ère vulgaire. Les Carthaginois y avaient obtenu de nouveaux et grands
succès, avant que Pyrrhus ne commandât
les troupes des Tarentins ; et l'expédition de
ce prince contre Rome avait ajouté à sa
réputation. Les Siciliens le conjurèrent de
les délivrer du joug des Carthaginois. Flatté
d'être regardé comme le protecteur des peuples, il passa en Sicile, gagna deux batailles
contre les Carthaginois, prit Éryx et plusieurs autres places ; mais, rappelé avec
instance par les Tarentins, il repartit pour
l'Italie, fut battu pendant son trajet par la
flotte des Carthaginois devenus les maîtres
de la mer, perdit une grande bataille contre 275 ans
av. l ère
les Romains commandés par *Curius Den-* vulgaire.

tatus, si célèbre par sa frugalité, son désintéressement, ses victoires sur les Samnites,
les Sabins et les Lucaniens; et fut contraint
d'abandonner l'Italie, de se retirer dans ses
États et de renoncer à tous ses projets contre
Rome.

Curius ne put se refuser aux honneurs
du triomphe; l'Apulie, la Lucanie, Tarente étaient soumises. Aucun triomphe
n'avait été aussi éclatant. On n'avait vu en
quelque sorte entrer dans Rome, dit un
historien romain, à la suite du général victorieux et de son armée, que les troupeaux
des Volsques, les bestiaux des Sabins, les
chariots des Gaulois, les armes brisées des
Samnites. On voit avec ravissement, autour
de Curius, de nombreux captifs, des Molosses, des Thessaliens, des Macédoniens,
des habitans de la Brutie, renommée pour
sa vaste forêt de pins; de l'Apulie et de la
Lucanie; les dépouilles les plus propres à
orner une pompe triomphale; l'or, la pour-

pre, les tableaux, les statues, tous les signes des délices de Tarente et de la grande Grèce, et de grands éléphans chargés de leurs tours, et que Pyrrhus n'avait pas conduits en Italie pour rehausser l'éclat du nom romain.

Après ces grands événemens, *Sempronius* soumit les Picentins; *Marcus Attilius,* les Salentins et Brindes leur capitale, et *Fabius,* les Gurges, les anciens esclaves des opulens Volsiniens, qui, tournant contre leurs premiers maîtres la liberté qu'ils en avaient reçue, s'étaient emparés du pouvoir souverain.

L'Italie entière obéit aux Romains, et jouit de la paix. Cinq siècles ou à peu près s'étaient écoulés depuis la fondation de Rome; elle porte maintenant ses vues hors de l'Italie, et le monde va bientôt reconnaître sa souveraine.

Messine, ainsi nommée à cause des Messéniens chassés du Péloponèse par les Lacédémoniens, et qui étaient venus s'établir dans ses murs, réclame le secours des Ro-

265 ans av. l'ère vulgaire.

mains contre les Carthaginois. Rome lui
promet de la défendre et ose attaquer Carthage même sur la mer, où cette république
de l'Afrique septentrionale domine depuis si
long-temps. Les Romains construisent avec
une grande rapidité cent soixante bâtimens
à rames et à voiles, voguent avec audace
sur la Méditerranée, commandés par le consul *Duillius*, rencontrent la flotte carthaginoise auprès de l'île de Lipari, saisissent les
vaisseaux ennemis avec des *mains de fer* et
d'autres instrumens ou machines qu'ils ont
imaginés, retiennent ces vaisseaux, combattent comme s'ils étaient sur terre, coulent à
fond, prennent ou mettent en fuite les bâtimens carthaginois, remportent la première
victoire navale, et voient décerner à leur
consul le premier triomphe maritime.

Les garnisons carthaginoises sont chas-
sées presque toutes de la Sicile.

Lucius Cornélius Scipion enlève à Carthage la Corse et la Sardaigne.

Le consul *Marcus Attilius Régulus* et son collègue *Manlius Vulso* défont une flotte carthaginoise, coulent à fond trente-deux vaisseaux et en prennent soixante-quatre. Régulus, resté en Afrique, bat *Amilcar* et son gendre *Asdrubal*, prend Clupéa et plusieurs autres villes, remporte de nouvelles victoires et refuse la paix à Carthage; mais les Lacédémoniens envoient aux Carthaginois *Xantipe*, un de leurs généraux, qui taille en pièces l'armée de Régulus et le fait prisonnier. Le consul, jeté dans une horrible prison, n'en sort que pour aller porter au sénat romain les propositions de Carthage, du succès desquelles dépendent sa vie et sa liberté. Régulus, plus grand devant le sénat que couronné par la victoire et sur terre et sur mer, parle avec tant de force contre les propositions des Carthaginois, que le sénat l'admire, a besoin de toute sa fermeté et le renvoie prisonnier à Carthage, où il supporte en héros une mort terrible, aussi glo-

rieuse pour lui que honteuse pour les ennemis de Rome.

Le consul *Métellus* défait les Carthaginois auprès de Panorme, maintenant Pa-
lerme, en Sicile, s'empare de cent éléphans,
et chasse de l'île ceux des ennemis qui ont
échappé au fer de ses soldats.

Une flotte carthaginoise cinglait vers l'Italie; le consul *Marius Fabius Butéon* la
détruit près des côtes de l'Afrique.

Un nouveau combat naval est livré aux
Carthaginois par le consul *Lutatius Catulus*.
La flotte ennemie semblait porter Carthage
toute entière; les vaisseaux romains l'attaquent avec une admirable agilité. Les éperons
dont leur proue est armée ne laissent aucun
repos aux ennemis. Les navires carthaginois
mis en pièces couvrent de leurs débris un
vaste espace entre la Sicile et la Sardaigne;
si Carthage subsiste encore sur le sol africain,
242 ans elle est détruite sur mer; et la première guerre
av. l'ère
vulgaire. punique est terminée avec gloire.

Les Carthaginois combattaient pour leurs richesses ; les Romains pour le pouvoir et pour la renommée ; les Carthaginois devaient succomber.

La paix avec Carthage ne dura que quatre ans. Cette république, dont la puissance avait inspiré tant de jalousie et d'effroi, avait perdu ses îles et la Méditerranée : elle payait des tributs ; elle ne pouvait supporter l'état d'humiliation auquel le sort des armes l'avait réduite. Annibal avait juré sur les autels des dieux et devant son père Amilcar de venger sa patrie ; il attaqua Sagonte. Cette ville d'Espagne, fidèle aux Romains, soutint pendant neuf mois des assauts sans cesse renouvelés ; et quel spectacle terrible elle donna à l'Europe et à l'Afrique ! Ses habitans, n'espérant plus de pouvoir résister à leurs ennemis, élevèrent un immense bûcher au milieu de leur plus grande place, y entassèrent toutes leurs richesses, montèrent avec leurs familles sur ce fatal théâtre du plus héroïque et du plus affreux désespoir, proférèrent les plus grandes imprécations contre les Carthaginois, mirent le feu au bûcher, et ne laissèrent à Annibal que des cendres et des débris. Les Romains demandèrent qu'on leur livrât Annibal, le véritable auteur de cet horrible et immortel dévouement ; les Carthaginois hésitèrent. *Qu'attendez-vous,* leur dit *Fabius,* le chef de l'ambassade, *dans le pli de ma robe je porte et la guerre et la paix; choisissez. La guerre,* s'écrièrent les Carthaginois; *recevez donc la guerre,* leur dit Fabius en secouant sa robe : ils frémirent et crurent voir le monde s'ébranler. Annibal ne conçut que les plus grandes espérances, traversa, à la tête de l'armée qu'il savait si bien pénétrer de son ardeur, le nord de l'Espagne, les Pyrénées, le midi de la Gaule, les Alpes, qui lui opposèrent en vain leurs glaciers, leurs neiges, leurs précipices, leurs pics sourcilleux et leur très-grande hauteur, descendit

dans l'Italie et voulut marcher vers Rome.
Le consul *Publius Cornélius Scipion* l'arrêta entre le Pô et le Tessin: un combat sanglant fut livré; Annibal fut vainqueur, et
Scipion blessé serait tombé dans les mains
de l'ennemi, si son fils, qui portait encore la
robe prétexte, ne l'eût délivré. Quel destin
Carthage devait un jour tenir de ce jeune
Scipion !

Annibal poursuivit avec rapidité sa marche victorieuse, défit le consul *Sempronius*
sur les bords de la Trébie, combattit *Flaminius* près du lac de Trasimène, le fit
surprendre par sa cavalerie, qui, sans être
aperçue, parvint à l'attaquer par derrière,
et remporte sur les Romains une troisième
victoire.

Il entra dans l'Apulie et arriva à Cannes,
où il livra une quatrième bataille aux Romains; il se plaça de manière que ses ennemis étaient presque aveuglés par une poussière épaisse qu'un vent violent soulevait

dans la plaine sablonneuse et poussait avec
force contre eux; il remporta, malgré les
efforts des valeureux Romains, une victoire
mémorable : il perdit plus de neuf mille
hommes, parmi lesquels on comptait, suivant Polybe, quatre mille Gaulois; mais plus
de quarante mille Romains tombèrent morts
sur le champ de bataille; et il envoya à Carthage les anneaux de plus de cinq mille chevaliers qui avaient subi le plus glorieux
trépas.

Rome parut perdue; mais Annibal resta
dans la Campanie, et les délices de Capoue,
amollirent son armée. Rome se montra plus
grande que jamais : elle n'avait plus d'armes;
elle consacra à la défense de sa liberté les
armes qui étaient depuis long-temps rassem-
blées dans les temples. Les esclaves furent
affranchis; la liberté les fit Romains, et on
leur permit de s'armer avec leurs nouveaux
concitoyens. Les sénateurs apportèrent toutes
leurs richesses au trésor de la république;

tous les Romains les imitèrent. Les écrivains publics ne pouvaient pas suffire à l'inscription des dons qu'on faisait à la patrie. Les espérances de Rome sont dans *Quintus Fabius Maximus;* il parvient à vaincre Annibal, en ne lui livrant pas de bataille ; et par ses habiles manœuvres l'engage tellement dans le Samnium et dans les défilés très-étroits de Falerne et de Gauranus, qu'il ruine l'armée de celui dont la force des armes n'avait pu surmonter la fortune.

Plus tard, *Claudius Marcellus* attaque Annibal dans la Campanie, et lui fait lever le siége de Nole. *Sempronius Gracchus* le poursuit et le presse dans la Lucanie. Mais quelle admirable fermeté dans le sénat romain! Pendant que les ennemis de Rome ont transporté en quelque sorte l'Afrique au sein de l'Italie, il brave leurs efforts et envoie des légions en Sicile, en Sardaigne, en Espagne. Marcellus assiége la grande Syracuse, jusques alors invincible. *Archimède*

la défend ; ce grand philosophe était fameux
par ses connaissances et ses découvertes en
physique, en mécanique, en hydrostatique.
Il avait construit une sphère qui imitait les
mouvemens apparens du soleil et des planètes, et même, suivant quelques auteurs,
une partie de leurs mouvemens réels, qu'A-
ristarque de Samos et quelques autres philosophes grecs avaient devinés ou soupçon-
nés. *Qu'on me donne une terre pour placer
mes machines,* aimait-il à répéter, *et j'en-
lèverai notre globe.* Ces leviers, ces machines, dont les effets lui inspiraient tant de
confiance, ne servent pas peu à prolonger le
siége de Syracuse, en détruisant les vaisseaux romains qui osent s'approcher de trop
près de l'enceinte de la ville : il parvient
même à les anéantir à de plus grandes dis-
tances ; il invente des miroirs ardens dont
Buffon a trouvé la composition et qu'il a
imités et peut-être surpassés, en brûlant de
très-loin des substances facilement combus-

tibles avec une réunion de miroirs plus ha-
bilement combinée, et il consume avec rapidité des vaisseaux ennemis qui se croient à
l'abri de tout danger par leur éloignement.
Mais la triple muraille de Syracuse, ses trois
citadelles et le génie d'Archimède ne peuvent
sauver la ville assiégée; elle cède aux Romains et se soumet à Marcellus.

Gracchus s'empare de la Sardaigne, que
ne peuvent défendre ni ses hautes montagnes, ni le courage ou plutôt, suivant plusieurs historiens, la férocité de ses habitans.

Publius Cornélius Scipion, dont le père
et l'oncle avaient péri en Espagne en combattant contre les Carthaginois, arrive à la
tête d'une armée dans cette péninsule, où il
veut venger son père, son oncle, Sagonte
et sa patrie, et d'où Annibal s'était pour
ainsi dire élancé vers Rome. Il n'a que
vingt-quatre ans, et néanmoins il remporte
une victoire, s'empare de Carthagène ou
Carthage la neuve, et renvoie à leurs parens

des enfans captifs et de jeunes prisonnières très-belles, qu'il refuse de voir, gagne les cœurs par sa douceur, sa clémence, sa générosité, défait dans la Bétique plus de cinquante mille fantassins et de quatre mille cavaliers, et dans l'espace de quatre ans soumet toute l'Espagne depuis les Pyrénées jusqu'au détroit de Gibraltar, et depuis la Méditerranée jusqu'à l'Océan.

Annibal cependant était toujours en Italie et ne cessait de méditer et de tenter la destruction de Rome. Tarente était revenue aux Romains; ils avaient repris Capoue, cette seconde patrie d'Annibal, dit l'historien Florus; et néanmoins le grand général carthaginois marche vers Rome et s'avance jusqu'à trois milles du Capitole. Rome en est si peu troublée, que l'on met à l'enchère le champ sur lequel Annibal est campé, et qu'un Romain l'achète. La nature paraît combattre pour les Romains; des torrens de pluie inondent les environs de la ville qu'Annibal veut anéantir ; des vents furieux ajoutent leurs ravages à ceux des averses : Annibal est contraint de se retirer vers le fond de l'Italie.

On a écrit que les tempêtes avaient sauvé Rome ; mais ces événemens extraordinaires, ces grands phénomènes ne donnent des succès durables que lorsque leurs résultats sont secondés par la valeur des peuples et la prévoyance des chefs.

Asdrubal vient au secours de son frère avec une nouvelle armée carthaginoise. Défait par les consuls *Claudius Néron* et *Livius Salinator*, il est tué sur le champ de bataille ; sa tête est jetée dans le camp d'Annibal, et la grande ame de cet homme si extraordinaire prévoit avec une douleur profonde la perte de Carthage.

Scipion, sorti victorieux de l'Espagne et arrivé en Afrique, bat les troupes d'un autre *Asdrubal*, fils de *Giscon*, et celles de *Syphax*, roi des Numides et époux de Sopho-

204 et 203 ans avant l'ère vulgaire.

nisbe, fille d'Asdrubal, incendie leurs camps,
et, au lieu de s'arrêter à une petite distance
de Carthage, comme Annibal à trois milles
de Rome, il s'avance jusqu'aux portes de la
ville ennemie, et les bat avec ses balistes et
ses autres machines de guerre. Les Carthaginois s'empressent de rappeler Annibal
d'Italie; il paraît auprès de Scipion à la tête
d'une armée. Ces deux grands capitaines
ont une entrevue pour traiter de la paix, ils
s'admirent et se regardent en silence; mais
ils ne peuvent s'accorder; et le signal est
donné pour la bataille de Zama, qui va décider du sort de Carthage et de Rome. Scipion et Annibal voient chacun avec enthousiasme les dispositions, les manœuvres et
le courage des soldats de son ennemi. Sci-
201 ans pion enfin l'emporte; la victoire donne aux
av. l'ère
vulgaire. Romains une grande partie de l'Afrique; et
Rome confère à Scipion le surnom d'Africain.

Une flotte romaine parcourut triomphante

les rivages de la Grèce, et montra aux peuples étonnés les dépouilles de la Sicile, de
la Sardaigne, de l'Espagne, de l'Afrique.
Attale II, roi de Pergame, et les Rhodiens
réunirent leurs vaisseaux à ceux des Romains. *Philippe*, cinquième du nom, régnait en Macédoine; il avait été l'allié d'Annibal; et les Athéniens, qu'il accablait de
vexations, imploraient l'appui de Rome
contre ce prince. Rome ordonna à *Flami-*
nius d'attaquer Philippe; le roi, deux fois
vaincu dans la Grèce proprement dite, et
ayant perdu deux fois son camp, se retire
d'autant plus rapidement dans la Macédoine,
qu'il vit combien ses soldats étaient effrayés
par les blessures extraordinaires pour eux,
qu'ils avaient reçues des grands javelots et
des larges épées des Romains. Flaminius
traversa les monts acrocérauniens, atteignit
Philippe, l'eut bientôt défait une troisième
fois, lui accorda la paix, lui laissa sa couronne, mais traita avec rigueur Thèbes,

l'Eubée et Lacédémone qui, sous les ordres de son tyran *Napis*, ravageait les contrées voisines de son territoire.

Le frère de Scipion l'Africain, *Lucius Cornélius Scipion*, avait combattu avec gloire en Espagne et en Afrique. Il fut envoyé en Asie contre Antiochus, douzième du nom et roi de Syrie. Annibal s'était retiré chez ce puissant monarque; sa défaite ayant augmenté sa haine contre les Romains, il avait porté Antiochus à réclamer la ville européenne de Lysimachie, et à déclarer la guerre à Rome, qui l'avait refusée. Ce prince, passé en Europe à la tête d'une très-grande armée, s'était à peine emparé de quelques îles et d'une partie du littoral de la Grèce, qu'il s'était abandonné à la vie la plus voluptueuse; il avait trouvé Capoue dans l'Eubée; prenant la fuite devant le consul *Acilius Glabrion*, il avait couru vers la Syrie et l'Anatolie, malgré tous les efforts d'Annibal; et sa flotte avait été détruite par *Émi-*

lius Régulus et les Rhodiens. Scipion trouva Antiochus, auprès duquel Annibal n'était plus, sur les bords du Méandre. L'armée du roi comprenait un nombre immense de fantassins et de cavaliers, et plusieurs éléphans énormes; elle fut néanmoins taillée en pièces. Rome donna à Scipion le titre d'Asiatique; Antiochus la conjure de lui accorder la paix; le sénat lui rendit d'autant plus aisément une partie de ses États, qu'il avait opposé une moins forte résistance.

Flaminius, par ordre du sénat, fit bien plus encore; il déclara que Rome rendait à la Grèce son ancien état, ses lois et sa liberté. 184 ans av. l'ère vulgaire. Les Grecs reçurent cette grande nouvelle à Némée, au milieu des jeux solennels qu'on y célébrait tous les cinq ans. Rien ne paraissait pouvoir calmer leur ivresse; les applaudissemens, les cris de joie se renouvelaient à chaque instant. On couvrit de fleurs le consul qui assistait aux jeux; mais que dit Montesquieu, qui parle de la grandeur et de

la décadence des Romains? « Ces petites ré-
« publiques, dit ce grand homme d'État,
« ne pouvaient être que dépendantes; les
« Grecs se livrèrent à une joie stupide et
« crurent être libres en effet, parce que les
« Romains les avaient déclarés tels. »

La Macédoine, cependant, agitée par le
souvenir de son ancienne grandeur, ne pouvait supporter sa soumission aux Romains.
Persée avait succédé à Philippe, et ne pen-
sait qu'aux moyens de rendre à son royaume
son ancienne indépendance; il s'était allié
avec les Thraces, dont le courage presque fé-
roce devait ajouter à la force de la fameuse
phalange macédonienne; il voyait la valeur
de son peuple prête à seconder ses nobles
projets; il avait placé des troupes sur les
endroits les plus escarpés de ses hautes montagnes, et toutes les entrées de la Macédoine
étaient défendues par ces citadelles naturelles. Le sénat de Rome ne veut pas lui
donner le temps d'ajouter encore à ses pré-

paratifs. Une nouvelle guerre macédonique
commence; les Romains, commandés par le
consul *Marcius Philippe,* pénètrent dans le
royaume de Persée par un marais et par
des hauteurs que l'on croyait impraticables.
Persée, effrayé d'un succès qu'il avait regardé comme impossible, fit jeter ses trésors
dans la mer et brûler ses vaisseaux pour les
dérober à ses ennemis. Il parvint néanmoins,
peu de temps après cet acte de désespoir, à
calmer ses terreurs et à réunir des troupes
plus nombreuses qu'auparavant; mais le consul *Paul Émile,* déjà célèbre par ses victoires sur les Liguriens, fut chargé de combattre Persée. Menaçant un grand nombre
d'endroits des montagnes très-élevées qui
entourent la Macédoine, il entra dans ce
royaume en franchissant des hauteurs vers
lesquelles il n'avait pas paru vouloir diriger
ses efforts audacieux, et son apparition sou-
daine inspirant à Persée un effroi plus grand
que celui qu'il avait déjà ressenti, le roi

confia à ses lieutenans la conduite de la guerre. Son armée fut défaite par Paul Émile; il se réfugia alors dans le temple révéré de l'île de Samothrace, espérant obtenir des autels un salut que n'avaient pu lui donner ni ses armes ni ses monts sourcilleux. Trompé dans son espoir, il fut conduit à son vainqueur; mais ce vainqueur était Paul Émile, véritable philosophe. Le Romain témoigna le respect d'un grand homme pour la puissance déchue, reçut avec bonté le prince malheureux, l'admit à sa table, le montra à ses enfans comme un exemple à jamais mémorable de l'inconstance de la fortune, adoucit sa disgrace autant qu'il le put, entra dans Rome en triomphateur, conduisant le roi captif au milieu des autres prisonniers; mais montrant dans tous ses traits, que, toujours prêt à vaincre ou mourir pour sa patrie et 168 ans à consoler le malheur, il était au-dessus de av. l'ère vulgaire. la gloire même du triomphe.

Les Macédoniens, cependant, ne se regar-

daient pas comme condamnés à jamais à la
dépendance de Rome. *Andriscus* eut le noble courage de vouloir affranchir son pays,
battit les troupes romaines commandées par
le préteur Juventius, fit naître un grand espoir dans l'ame des Macédoniens; mais fut
vaincu par *Métellus*, se réfugia chez un roi
de Thrace qui le livra aux Romains, fut
conduit à Rome, où il servit aux honneurs
du triomphe, et éprouva un plus grand
malheur encore, en voyant la Macédoine
réduite en province romaine.

148 ans
av. l'ère
vulgaire.

Carthage, violant les traités dont elle avait
promis l'observation, avait envoyé une flotte
et une armée contre *Masinissa*, roi des Numides et fidèle allié du peuple romain. Le
sénat décide que les armes de Rome venge-
ront la foi publique et Masinissa.

Les consuls *Manilius* et *Censorinus* vont
à Carthage; les habitans conservent quelque
espérance de paix, et remettent volontaire-
ment leur flotte aux Romains; les consuls

la font brûler et leur déclarent, au nom du
sénat, qu'il n'est plus de salut pour eux que
dans l'abandon de leur territoire. Les Carthaginois ne peuvent supporter tant de tyrannie;
ils crient aux armes : ils prévoient que leur
patrie va périr; mais ils ne veulent pas lui
survivre. Ils abattent leurs maisons pour
trouver les bois nécessaires à la construction
d'une nouvelle flotte; on ajoute dans les ate-
liers où l'on construit des armes, l'or et
l'argent au fer et à l'airain; et les femmes,
désespérées, veulent que leurs cheveux servent pour les cordages des machines de
guerre.

Le consul *Mancinus* assiége par terre et
par mer la malheureuse Carthage. Le premier, le second et le troisième mur sont
renversés ; la ville si fameuse, si commer-
çante, si puissante, si riche, est presque détruite ; la citadelle nommée *Byrsa* résiste
encore; et les Carthaginois croient toujours
voir leur patrie debout.

Leur port était bloqué par les Romains ; ils en creusent un nouveau sous les yeux de ceux qui prétendent à être les maîtres du monde ; une flotte nombreuse sort de ce port merveilleux et va défier les Romains ; aucun jour ne commence que les assiégeans ne voient paraître un nouveau mole, une nouvelle machine, une nouvelle troupe de guerriers, qui ne respirent que la victoire ou la mort ; chaque instant leur présente, pour ainsi dire, une nouvelle et terrible éruption d'un volcan qui brûle encore.

Le fils de Scipion l'Africain avait adopté celui de Paul Émile. Le jeune *Publius Æmilianus Scipion* reçoit du sénat l'ordre de terminer la troisième guerre de Carthage. Un *Asdrubal*, digne de son nom, commande ce qui reste de Carthaginois ; il oppose aux Romains la résistance la plus héroïque, mais les assiégés n'ayant plus ni vivres, ni l'espérance d'en recevoir, mettent le feu aux maisons et aux temples, et se rendent à Scipion.

La femme d'Asdrubal cependant ne veut pas survivre à la ville qui l'a vue naître, prend ses deux enfans dans ses bras et se précipite au milieu des flammes.

Le violent incendie dure plus de dix-sept jours. Le jeune Scipion, dans lequel respire l'ame de Paul Émile, s'attendrit au milieu des cendres et des ruines de cette cité qui avait tenu le sceptre du commerce et presque saisi celui de l'Europe, de l'Afrique et de l'Asie; il s'alarme pour Rome, il craint qu'elle ne succombe à trop de prospérités, et de noirs pressentimens se mêlent à tout 146 ans ce qu'inspirent la victoire et le plus grand av. l'ère vulgaire. des malheurs d'un peuple.

Presque en même temps que Carthage disparaissait, Corinthe, capitale de l'Achaïe, et qui avait voulu repousser la domination romaine sous *Critolaüs* et sous *Dælius*, succomba sous *Métellus*, et fut, sous *Nummius*, saccagée, détruite et brûlée. L'or, l'argent, le cuivre, le zinc et l'étain, fondus ensemble au milieu de l'incendie, donnèrent cet alliage connu sous le nom d'*airain de Corinthe*, et célébré par de grands poètes ; et combien de richesses, et de tableaux et de statues bien plus précieux encore furent transportés à Rome, la grande capitale !

Une grande partie de la péninsule espagnole continuait cependant de résister au joug des Romains. *Caton* le censeur, qui, suivant Cicéron, était un excellent orateur, un sénateur accompli et un grand général, qui a composé plusieurs ouvrages et dont on a encore un traité sur l'agriculture, avait commandé dans la péninsule et remporté plusieurs victoires sur les Celtibériens, colonie de Celtes qui était venue habiter l'Arragon et une partie de la Castille.

Tibérius Sempronius Gracchus avait détruit jusqu'à cent cinquante villes ou villages de ces braves et malheureux Celtibériens, qui ne voulaient que leur indépendance, et qui étaient bien plus dignes de la victoire que les auteurs ambitieux et cruels de ravages aussi injustes et plus horribles que ceux que l'on a tant reprochés aux barbares du Nord.

Lucullus avait soumis les Vac*c*éens des bords du Douro, et les Turdules de la Bétique.

Décimus Brutus avait vaincu les Lusitaniens, les Celtiques et les peuples de la Galice. Mais ces Lusitaniens s'étaient relevés avec force contre la puissance romaine. A leur tête on avait vu *Viriatus* porter le fer et le feu dans les provinces romaines, tailler en pièces l'armée de *Claudius Unimanus*, et élever sur de hautes montagnes des trophées composés de trabées et de faisceaux rómains. Le consul *Fabius Maximus* l'avait contraint néanmoins à perdre tout espoir de nouveaux succès; et par une lâche trahison Viriatus avait été assassiné pendant qu'il traitait de sa soumission aux armes romaines.

Numance était élevée sur une colline auprès du Douro. Ses habitans, célèbres par leur valeur, avaient donné asile aux Ségidiens, leurs alliés et leurs parens, échappés aux armes romaines; leurs prières en faveur de leurs amis avaient été impuissantes; et Rome avait porté la hauteur jusqu'à leur faire dire de déposer leurs armes s'ils voulaient éviter leur ruine par une alliance avec la république. Furieux de cette proposition, ils attaquent, sous la conduite de *Mégara*, un des généraux des Romains, remportent la victoire, consentent néanmoins à un arrangement avec lui, s'avancent ensuite contre *Hostilius Mancinus*, défont si souvent son armée, que ses soldats, frappés de terreur, tremblent à la vue d'un Numantin, et cependant, pouvant massacrer des légions romaines, transigent avec elles, et se contentent de les désarmer.

Rome frémit en apprenant la honte de son armée, livre Mancinus, croit pouvoir rompre le traité qui avait conservé la vie à un si grand nombre de citoyens, et jure la destruction de Numance. Scipion Æmilien est choisi pour accomplir les volontés de Rome. Numance doit périr par celui qui a fait périr Carthage. Scipion rétablit la discipline dans l'armée qui avait perdu l'honneur, relève son courage, ranime son ardeur, la refait digne de Rome, la mène contre les habitans de Numance, et voit fuir les Numantins devant les aigles, auxquelles il a rendu leur éclat.

Les vaincus consentent à se soumettre à d'honorables conditions; mais Scipion a reçu l'ordre de les refuser. Ils veulent en vain vaincre ou périr; Scipion environne leur ville de larges fossés, de palissades fortifiées. La famine les réduit au désespoir. Ils implorent le combat comme une grâce; *que nous mourions en soldats*, s'écrient-ils; Scipion les refuse de nouveau. Ils tentent une sortie; plusieurs meurent les armes à la main; les autres, repoussés dans la ville, se nourrissent pendant quelque temps de cadavres. Perdant enfin tout espoir, ils s'abandonnent à la rage, se dévouent à la mort, périssent par le fer ou le poison, au milieu des flammes qui consument leur patrie, et ne laissent rien au triomphe de Rome. ^{132 ans av. l'ère vulgaire.}

Quelle civilisation que celle d'une république où un Scipion Æmilien se croit obligé d'exécuter un arrêt aussi injuste qu'inhumain ! Ce Scipion était cependant vénéré pour ses vertus. L'histoire a parlé avec éloge de l'amitié qui le liait avec *Lælius*, grand orateur et personnage consulaire, avec *Polybe*, célèbre historien grec de Mégalopolis en Arcadie, l'un des plus judicieux auteurs de l'antiquité, et dont le chevalier de Folard a commenté les ouvrages si utiles aux militaires, et avec *Térence* le Carthaginois, fameux affranchi du sénateur Terentius Lucanus, et dont *Cicéron* a vanté les comédies écrites avec tant de pureté et d'élégance, regardées comme des modèles si parfaits du

style latin, qu'on les avait crues dictées par
Scipion Æmilien ou Lælius, les deux orateurs
les plus éloquens de Rome.

Le sénat et le peuple romain vont bientôt commencer de subir de cruels châtimens
d'une ambition que rien ne peut satisfaire.
Aucun peuple ne peut soumettre Rome ; elle
va se déchirer de ses propres mains. Depuis
long-temps l'avidité des riches citoyens avait,
pour ainsi dire, chassé de leurs champs des
Romains moins fortunés, obligés de céder
à leurs intraitables créanciers les terres qui
avaient répondu de leurs dettes multipliées
par l'accroissement successif de leurs malheurs. *Tibérius Gracchus*, fils de Sempronius, si respecté pour sa vertu, et de Cornélie,
l'illustre fille de Scipion l'Africain, était tribun
du peuple. Il ne peut voir sans une douleur
très-vive le sort des pauvres citoyens de sa
patrie. On propose une loi agraire, pour rendre à ces Romains, qui périssent de misère,
les champs qu'on regarde comme enlevés

en quelque sorte par leurs créanciers ou par ceux de leurs ancêtres. Tibérius monte à la tribune, entouré d'une troupe nombreuse; contre lui se présentent des patriciens ayant avec eux des tribuns: Gracchus, voyant son collègue, *Cnæus Octavius*, s'opposer à des lois qui lui sont plus chères que la vie, ne peut plus contenir l'ardeur de son zèle pour les intérêts du peuple, chasse Octavius de la tribune, le menace de la mort, et il est nommé *triumvir* avec son frère *Caïus Gracchus*, alors absent de Rome, et avec *Appius Claudius*, pour la distribution des terres qui doivent être rendues aux citoyens les moins fortunés. Quelque temps après, le peuple s'assemble de nouveau: Tibérius demande que sa puissance tribunitienne soit prorogée, pour qu'il puisse terminer convenablement son ouvrage. Un grand nombre de patriciens et de ceux qu'il avait fait exproprier, s'avancent contre lui: on combat; le sang coule dans la place publique. Tibérius porte la main à sa tête, pour engager le peuple à le défendre ; *Scipion Nasica* s'é-crie que Tibérius demande le diadème, et à l'instant les partisans du sénat et les autres ennemis de Tibérius se jettent sur lui, l'im-molent et massacrent plus de trois cents de ses amis.

123 ans av. l'ère vulgaire.

Caïus Gracchus, frère de Tibérius, re-cherche toutes les occasions de venger la mort de son frère et de soutenir ses lois, saisit la circonstance qui lui paraît la plus favorable, anime le peuple qui l'aime, parcourt la ville de Rome, suivi de la multitude qui lui est dévouée, et lorsque le tribun *Minucius* pro-pose d'abroger les lois qu'il défend, il s'em-pare du capitole avec plusieurs de ses amis. Mais n'ayant pu les sauver d'un terrible mas-sacre, il se réfugie sur le mont Aventin, est attaqué par les partisans du sénat, et reçoit la mort par l'ordre du consul *Opimius*.

Saturninus se déclare le successeur et le vengeur des Gracques, fait tuer, au milieu des comices, *Nonius*, son compétiteur au tribunat, provoque avec une grande violence la sanction des lois de Tibérius, contraint le sénat à jurer l'observation de ces lois populaires, fait massacrer *Caïus Memmius* qui demande le consulat, veut faire donner cette dignité suprême à une de ses créatures, ne peut néanmoins se défendre contre les troupes des sénateurs, s'empare en vain du capitole, y est assiégé et forcé d'en sortir, meurt sous les pierres dont l'accable la multitude qui l'a abandonné.

La loi des Gracques avait divisé la ville de Rome en deux partis, acharnés l'un contre l'autre.

Les chevaliers formaient un de ces partis, et l'autre était composé des patriciens. Les chevaliers avaient d'autant plus d'influence qu'ils pouvaient dans beaucoup de circonstances disposer, pour ainsi dire, de la fortune des citoyens les plus puissans, et qu'ils étaient en quelque sorte les maîtres des re-

venus de l'État, dont la perception leur était
confiée. *Servilius Cæpio* se mit à la tête des
chevaliers, et *Marcus Livius Drusus* em-
brassa le parti des sénateurs ; les légions et
les cohortes se divisèrent, et l'on vit dans
la ville de Rome deux troupes armées l'une
contre l'autre, élever des deux côtés des enseignes et des aigles romaines. Cæpio attaqua
le sénat, en accusant de brigue *Scaurus* et
Philippe, principaux patriciens. Drusus,
voulant donner une grande force à son parti,
non-seulement renouvela les lois des Gracques, mais encore promit le droit de cité
aux alliés dont les suffrages auraient favorisé
ses projets. Le jour où les lois des Gracques
durent être promulguées, on vit, d'après
les promesses de Drusus, arriver de tous les
côtés, dans la place publique, un nombre
immense d'étrangers. Le consul Philippe voulut s'opposer à la promulgation. Un *appari-
teur* osa le saisir à la gorge et lui déchirer
la figure. Les alliés demandèrent le prix qui

leur avait été promis. Drusus fut tué sur son tribunal. Les alliés n'insistèrent pas avec moins de violence sur l'accomplissement des promesses qu'ils avaient reçues, et ils réclamèrent même bientôt, les armes à la main, un droit qu'ils regardaient comme acquis par tous les services qu'ils avaient rendus à la ville de Rome, et par tous les secours qu'ils lui avaient donnés. Dans peu de temps, l'Étrurie, le Latium, le Picénum, la Campanie, les Marses, les Samnites, les Lucaniens, presque toute l'Italie, se soulevèrent contre Rome. Cette ville, dont le nom faisait trembler l'Europe, l'Asie et l'Afrique, et qui avait détruit ou soumis Carthage, l'Espagne, la Grèce, la Macédoine et la Syrie, n'a plus d'autorité dans cette Italie dont elle a reçu une si grande partie de sa force, voit marcher contre elle les braves qui ont tant de fois contribué à ses victoires, et paraît ne savoir comment écarter le danger qui la menace et éviter le même sort que Carthage.

90 ans av. l'ère vulgaire.

Des légats romains sont massacrés dans *As-culum ;* le fer et la flamme des alliés ravagent plusieurs villes dépendantes de Rome ; les troupes de Rutilius, celles de Cæpion, celles de Julius César, sont mises en fuite ou taillées en pièces ; mais enfin le génie de Rome s'élève au-dessus de tous les revers ; le peuple romain montre ce grand caractère dont l'adversité augmente la force, et la politique du sénat sauve la république. *Caton* avait défait les Étrusques, *Carbon* les Lucaniens, *Gabinius* les Marses, *Sylla* les Samnites, et *Strabon Pompée* avait réduit Asculum en cendres et massacré ses habitans. Mais ces victoires peuvent être fatales à la république. Le sénat accorde les droits de citoyen aux peuples les plus voisins de Rome, et à ceux qui promettent de poser les armes les premiers. La défiance met la division parmi les alliés ; ils se pressent tous de faire des traités particuliers, et Rome peut refuser aux Samnites et aux Lucaniens le droit pour lequel tant de sang venait d'être répandu.

D'autres grands événemens montrent l'état du corps social dans la république romaine au commencement du dernier siècle avant l'ère vulgaire. L'esclavage, établi ou conservé par les premiers habitans de Rome, produisit ses effets funestes vers le temps que nous observons. La Sicile, cette île si fameuse par sa fertilité que Caton l'appelait le grenier de la république et la mère nourrice du peuple romain, présentait de grands domaines des principaux citoyens de Rome, et ce qui est horrible à rappeler, les propriétaires de ces domaines y entretenaient pour la culture de leurs champs de nombreux esclaves, qui travaillaient avec des fers aux pieds. Ces infortunés n'osaient manifester tout ce que leur inspiraient les cruels traitemens qu'on leur faisait subir; mais leur indignation était souvent près d'éclater. Un Syrien, nommé *Ennus*, conçut le hardi projet de briser leurs chaînes. Il feignit d'être animé d'une fureur divine, et, comme pour obéir aux ordres des dieux, il appela les esclaves aux armes et leur promit la liberté. Deux mille de ces malheureux se rangèrent d'abord autour de lui ; bientôt il en vit plus de soixante mille sous les armes : se décorant alors des ornemens royaux, il ravagea les villes, les bourgs et les châteaux, et s'empara des camps de quatre préteurs. *Perpenna* défit ces insurgés, les assiégea dans *Enna*, où la famine en fit périr le plus grand nombre, et condamna ceux qui furent obligés de se rendre, à être mis en croix.

Ennus cependant eut un successeur; un esclave cilicien, nommé *Athénion*, tua son maître, délivra ses compagnons, les rangea sous des enseignes, ceignit le bandeau royal, réunit une armée plus considérable que celle d'Ennus, porta, comme ce Syrien, le fer et le feu dans les villes, les bourgs et les châteaux, devint implacable contre les esclaves

qui n'avaient pas rompu leurs fers, tailla
en pièces des armées prétoriennes, s'empara
des camps de Servilius et de Lucullus, et
ne fut arrêté dans ses courses victorieuses
que par *Aquilius*, qui parvint à priver de
vivres les insurgés, et leur fit subir une famine qui ôta la vie à tous ceux qui ne se 102 ans
donnèrent pas la mort pour éviter d'affreux av. l'ère
supplices. vulgaire.

Près de trente ans plus tard, *Spartacus*,
gladiateur, à la tête d'une trentaine de ses
compagnons, brisa à Capoue les portes de
l'enceinte dans laquelle ils étaient renfermés,
appela les esclaves sous ses enseignes et eut
bientôt sous ses ordres une troupe de plus
de dix mille hommes. On a raconté, qu'assiégés dans les vallées plus ou moins étroites
qui entourent le Vésuve, ils formèrent, avec
des ceps et des branches de vigne, des liens
plus ou moins longs, par le moyen desquels
ils se laissèrent glisser dans des vallons dont
les bords étaient très-escarpés, et qu'étant

sortis de ces espèces de détroits par des is-
sues inconnues à leurs ennemis, ils avaient
surpris *Clodius Glaber* qui les assiégeait, et
s'étaient emparés de son camp. Leur nombre
augmente à chaque instant ; ils saccagent
presque toute la Campanie, et, prenant tous
les chevaux qu'ils trouvent, ils ont bientôt
une cavalerie. Spartacus osant alors attaquer
les armées consulaires, taille en pièces sur
l'Apennin celle de *Lentulus*, détruit le camp
de *Caïus Cassius*, et délibère s'il ne mar-
chera pas sur Rome.

Mais *Marcus Licinius Crassus* s'avance
contre lui, le combat et le met en fuite. Les
insurgés, poursuivis par le vainqueur, veulent passer en Sicile, essayent de traverser
le détroit sur des radeaux composés de ton-
nes et de claies liées avec des osiers, le tentent en vain, se déterminent à livrer une
nouvelle bataille, et s'ils ne remportent pas
la victoire, combattent avec furie, à l'exemple de Spartacus, ne demandent pas de quar-

tier et reçoivent, les armes à la main, une 71 ans av. l'ère vulgaire mort glorieuse.

Jugurtha, neveu de *Micipsa* fils et successeur de *Masinissa* sur le trône de Numidie, avait été adopté par son oncle et chargé par ce monarque de la tutelle de ses enfans, *Hiempsal* et *Adherbal*. Désirant, après la mort de Micipsa, de saisir la couronne de ses pupilles, il avait fait tomber Hiempsal dans une embûche où ce jeune prince avait péri. Adherbal s'était réfugié à Rome; mais Micipsa avait laissé des trésors; Jugurtha s'en servit pour acheter les suffrages d'un grand nombre de sénateurs. Les richesses enlevées à tant de peuples vaincus avaient introduit dans Rome une honteuse et funeste corruption, et la majorité du sénat fut favorable au possesseur des trésors de Micipsa.

Des députés furent envoyés en Afrique pour partager le royaume entre Adherbal et son frère adoptif. Jugurtha corrompit les députés, et acheva de commettre les crimes commandés par sa coupable ambition. La mort d'Adherbal changea cependant les dispositions de Rome ; le sénat se crut obligé de déclarer la guerre à Jugurtha : le consul *Calpurnius Bestia* fut envoyé en Afrique avec une armée. L'or de Jugurtha acheta la paix ; mais le tribun *Memmius* dénonça ces lâches trahisons dans un discours véhément, attaqua le sénat et fit naître une si grande indignation dans l'assemblée du peuple, que le sénat appela à Rome, sur la foi publique, Jugurtha lui-même. Le Numide y vient, et un petit-fils de Masinissa, nommé *Massiva*, et qui réclamait le trône de Numidie, est assassiné par son ordre dans la ville de Rome même. Jugurtha retourne en Afrique ; le sénat lui déclare de nouveau la guerre : Albinus commande l'armée romaine ; Jugurtha parvient à la corrompre. Une fuite volontaire lui donne une victoire apparente et le camp des Romains.

Métellus est envoyé contre Jugurtha. Le prince numide ne voit aucun succès couronner des tentatives semblables à celles qui lui ont si souvent réussi. Métellus ravage la campagne, saccage *Thala* ou Telepte, où le roi avait ses armes et une partie de ses trésors, bien plus dangereux que ses flèches, ses glaives et ses lances; s'empare de presque toutes les villes fortifiées, poursuit Jugurtha jusque dans la Mauritanie et la Gétulie; et *Marius*, arrivant pour compléter le triomphe de Rome, prend Capsa, au milieu des déserts sablonneux, pénètre, par des chemins escarpés et regardés comme inaccessibles, jusque dans Mulucha, bâtie sur une haute montagne, défait auprès de Cirta, aujourd'hui Constantine, Jugurtha et Bocchus, roi de Mauritanie, et inspire à ce Bocchus une si grande crainte pour sa couronne et sa vie, que ce roi trahit son allié et le livre aux Romains pour prix de leur alliance et de leur protection. 105 ans av. l'ère vulgaire.

De nouvelles victoires attendent Marius.

Les Cimbres, les Teutons et les Tigurins,
que de grandes inondations de l'océan
avaient obligés à quitter les forêts du nord
de la Germanie, avaient en vain tâché de
s'établir dans les Gaules et en Espagne. Le
sénat romain leur avait refusé des terres
qu'ils lui avaient demandées par des ambassadeurs. Irrités des refus du sénat, ils avaient
battu et chassé successivement de leur camp
trois généraux de Rome. Le sénat envoya
contre eux le vainqueur des Numides et de
la Mauritanie. Les Cimbres, Teutons et Tigurins s'étaient divisés en trois corps, pour
franchir les Alpes et entrer en Italie. Marius, en grand capitaine, profite de cette
division, devance les Teutons, les attaque
auprès des *eaux sextiennes*, aujourd'hui
101 ans *Aix*, les défait complétement, fait prison-
av. l'ère
vulgaire. nier leur roi *Teutobochus*, et va chercher les
Cimbres qui, après avoir franchi les Alpes du
Tyrol et traversé sur d'énormes troncs d'arbres le fleuve d'Athésis, maintenant l'Adige,

s'étaient arrêtés près du fond de la mer
Adriatique, dans la Vénétie ou pays des
Vénètes, venus de la Troade sous la conduite d'Anténor et après la ruine de Troie.
Ces hommes du Nord, si peu éloignés de
l'état sauvage, et dirigés par un mélange
bien remarquable de loyauté de courage
et d'assurance, lui font demander quel jour
il veut combattre? *Demain*, leur répond
Marius.

Il imite Annibal préparant la bataille de
Cannes; il place ses troupes de manière que
le vent porte la poussière dans les yeux des
Cimbres. Le combat se livre dans une vaste
plaine, nommée le *champ rhaudien*, aujour-
d'hui *Rho*, suivant Danville. La victoire
favorise les Romains; soixante mille Cimbres
meurent avec gloire sur le champ de bataille.
Les femmes mêmes de ces hommes si braves
et si malheureux avaient combattu avec
autant de valeur que leurs maris, debout
sur leurs chariots et armées de lances et de

longues piques. Vaincues malgré leur bra-
voure, elles demandent à Marius la liberté
et la permission de former un collége de
prêtresses; Marius les refuse : le désespoir
les saisit, elles étouffent ou écrasent leurs
enfans, s'égorgent les unes les autres, ou se
pendent à des arbres, et ne laissent à leurs
ennemis que des monceaux de cadavres.
Boirix, leur roi, n'avait succombé au milieu
de la mêlée, qu'après s'être entouré de Romains que son fer avait immolés; pourquoi
l'histoire doit-elle lui reprocher la mort de
Scaurus, qu'il avait fait son prisonnier?
Lorsqu'il eut formé le projet de marcher sur
Rome avec son armée, il lui avait exposé son
plan au milieu de l'assemblée des principaux
Cimbres; Scaurus enchaîné avait répondu en
vrai Romain, *ce plan est inexécutable,*
Rome est invincible : Boirix, au lieu de
l'admirer, l'avait percé de son épée.

101 ans
av. l'ère
vulgaire.

Les Tiguriens cependant s'étaient placés
sur le sommet des Alpes noriques; ils ap-

prennent la défaite des Cimbres; ils se dispersent et s'éloignent de l'Italie.

Avec quel enthousiasme les Romains reçoivent le vainqueur des Teutons et des Cimbres! Mais pourquoi la gloire du libérateur de Rome va-t-elle servir à l'arroser de sang? Depuis long-temps Marius, qui était né Plébéien, avait, par son éloquence militaire et par ses harangues violentes, animé la jalousie du peuple romain contre les Patriciens. C'était un véritable successeur des Gracques, mais bien plus redoutable, parce qu'il avait sauvé la république. La crainte et surtout l'envie lui donnèrent un rival dans un Patricien destiné, comme Marius, à laisser une grande renommée. *Sylla*, qui avait servi sous ses ordres en Afrique, et dont le génie s'était d'autant plus facilement élevé aux grandes conceptions stratégiques, qu'un grand nombre d'illustres Romains, et particulièrement Marius, en avaient donné de grands exemples, crut devoir se déclarer le chef d'un parti contraire à celui de Marius, dont il ambitionnait la gloire, les honneurs et la puissance, et comme ce vainqueur des Teutons et des Cimbres avait toute la confiance du peuple, ce fut à la tête des Patriciens qu'il alla se placer. Ses amis le firent nommer consul, et il dut aller gouverner l'Asie occidentale. Cette Asie, regardée comme une province d'un empire qui paraissait devoir comprendre le monde, obéissait en grande partie à *Mithridate*, roi du Pont, devenu ennemi de Rome et aussi redoutable qu'Annibal. Ce monarque, que la postérité honorerait comme un grand homme, si sa cruelle politique ne l'avait pas porté à faire donner la mort à ses neveux, et à commettre d'autres crimes horribles, ayant adressé des plaintes au sénat de Rome, qui avait donné contre lui de puissans secours au roi de Cappadoce, nommé *Ariobarzane*, et n'ayant rien obtenu de la politique sénatoriale, avait levé une puissante

armée, chassé Ariobarzane de la Cappadoce,
défait *Nicomède II,* roi de Bithynie, soumis la Phrygie, la Mysie, la Carie, la Lycie,
la Pamphylie, la Paphlagonie; et après avoir
commis un forfait exécrable en faisant égorger tous les citoyens romains qui étaient en
Asie, et en ordonnant qu'on versât à Pergame de l'or fondu dans la bouche d'*Aqui-*
lius, personnage consulaire, pour venger,
avait-il dit, les Pergamiens de l'avarice des
Romains ; il avait passé la mer et réduit
sous son obéissance la Thrace, la Macédoine, Athènes et les autres villes de la
Grèce; il menaçait l'Italie, lorsque le consul
Sylla fut chargé d'aller le combattre. La
victoire sur Mithridate devait donner à Sylla
une gloire éclatante et une grande influence.
Marius en fut jaloux; il avait pour ami le
tribun *Sulpitius,* qui ne paraissait en public
qu'accompagné de six cents jeunes chevaliers,
auxquels il donnait le nom de contre-sénat.

De quels grands malheurs Rome était alors

menacée! Les lois n'y étaient plus un objet sacré. On y avait recours aux armes pour soutenir ses prétentions ou ses droits; et ce qui est terrible dans tout gouvernement, et surtout dans une république, les militaires, corrompus par les richesses que leurs succès leur avaient données, ne se regardaient que comme les soldats de leur général vainqueur, et non comme ceux de Rome leur patrie.

Sulpitius fit adopter une loi qui ôta à Sylla le commandement de l'armée d'Asie, pour le donner à Marius. Sylla, indigné de ce changement, conduit ses légions contre Rome, et elles obéissent : il entre dans la ville; ses adversaires la défendent. On lance du haut des murs, sur l'armée de Sylla, des poutres, des pierres et des traits. Il saisit une torche, renverse tous les obstacles, s'empare du Capitole et fait déclarer, par un sénatus-consulte, ses adversaires ennemis de l'État, malgré la résistance de l'augure Quin-

tus Scévola, vieillard respectable, qui s'é-
crie: *je ne déclarerai pas ennemi de Rome
celui à qui elle doit son salut.*

Le tribun Sulpitius est mis à mort, ainsi
que plusieurs autres chefs de son parti. Marius, le libérateur de Rome et de l'Italie, ne
doit son salut qu'à la fuite et à son déguise-
ment en esclave; il se cache dans les marais
de Minturne en Campanie. Un soldat gaulois est envoyé pour abattre sa tête; Marius
le regarde : le soldat tremble ; son glaive
tombe de sa main; Marius s'échappe et va
se réfugier en Afrique, où, assis sur un bloc
de pierre au milieu des ruines de Carthage,
il présente au monde le grand exemple des
vicissitudes de la fortune.

Son rival, vainqueur et tout-puissant, va
combattre dans la Grèce les forces de Mithridate; il assiége Athènes.

Cette ville éternellement célèbre soutient
le siége avec courage; elle supporte toutes les
horreurs de la famine, plutôt que de se sou-

mettre. Mais il était encore dans la destinée
de Rome de l'emporter toujours; et Sylla
était un grand capitaine. Le Pyrée est détruit; les murailles de la ville des Miltiade
et des Thémistocle sont renversées par les
machines romaines. Rien ne peut plus arrêter Sylla, il s'arrête lui-même; il épargne la
ville des grands hommes : mais après avoir
rendu cet éclatant hommage au génie et à
la valeur, il chasse de l'Eubée et de la Béotie les garnisons de Mithridate, gagne deux
grandes batailles, l'une à Chéronée, et l'autre
à Orchomène, passe en Asie, bat Mithridate
lui-même, est près de détruire entièrement
sa puissance, mais ne veut pas que, pendant son absence, ses ennemis établissent
dans Rome une domination inattaquable,
84 ans et donne la paix au grand conquérant qu'il
av. l'ère
vulgaire. vient de vaincre.

Le consul *Lucius Cornélius Cinna*, chassé
de Rome par son collègue *Octavius*, ami de
Sylla, pour avoir proposé une loi qui rappe-

lait les bannis, était en effet revenu près des murs de sa patrie avec Marius, *Carbon* et *Sertorius*, déjà célèbre par sa valeur aussi bien que par son éloquence. Le grand nom de Marius, et ce qu'il a souffert, avaient attiré auprès de lui un grand nombre de soldats; les esclaves s'étaient armés pour sa cause; le peuple favorisait celui qui avait défendu ses droits et ses entreprises. Mais quelle cruelle soif de vengeance anime Marius! Il inonde de sang la ville d'Ostie; il entre dans Rome inquiète et tremblante avec quatre armées; il en commande une : Cinna, Carbon et Sertorius sont à la tête des autres. Ils chassent du mont Janicule les troupes d'Octavius, et après un affreux signal les principaux citoyens, que Marius déteste, sont égorgés par les vainqueurs. La tête du consul Octavius est exposée sur la tribune aux harangues; celle d'Antoine, personnage consulaire, est apportée sur la table de Marius; et les sénateurs qui saluent ce nouveau proscripteur,

et vers lesquels il ne tend pas sa main sanglante, sont immolés à l'instant.

On le nomme consul pour la septième
fois. Heureusement pour ceux qu'il voulait
punir et qui ne sont encore ni massacrés
ni bannis, il meurt le dix-septième jour après
sa septième nomination à cette dignité suprême. Les siècles ont répété son nom; la
poésie et la peinture ont rappelé ses hauts
faits; l'histoire, plus sévère, lui reprochera
sans cesse d'avoir souillé une grande gloire
par de grands crimes, et terni par ses cruautés l'éclat de ses malheurs.

Sylla revient d'Asie; ses ennemis n'ont
plus Marius à lui opposer; deux armées
marchent néanmoins contre lui : celle que
commande *Norbanus* est mise en fuite; et
celle à la tête de laquelle est *Scipion*, s'arrête, pour ainsi dire, et s'évanouit, trompée
par une fausse espérance de la paix. On dirait que l'approche du vainqueur de Mithridate augmente l'ardeur de Carbon et du

jeune Marius pour la vengeance. Ils semblent prévoir leur défaite, et vouloir user de leurs derniers momens pour assouvir leur colère implacable. Que de massacres dans le forum, dans le cirque, et même dans les temples des dieux !

Sylla, cependant, taille en pièces l'armée du jeune Marius auprès de Sacriportum, et celle de Télésinus à la Porte colline. Rome, couverte de sang, baisse la tête; et le vainqueur est le maître absolu des Romains.

Que Rome va payer cher la conquête du monde ! On frémit en pensant aux crimes de Sylla. La vengeance et l'ambition l'aveuglent; il veut surpasser les forfaits de Marius : il fait égorger plusieurs milliers de citoyens qui se sont rendus à lui. Toutes les rues de Rome présentent des cadavres immolés par sa fureur, et, comme si sa barbarie n'avait pas fait tomber assez de têtes, il fait publier une liste terrible de deux mille sénateurs ou chevaliers qu'il a voués à la mort.

De combien de pillages et de meurtres les principales villes d'Italie furent ensuite les horribles théâtres ! Et c'est pour ainsi dire assis sur des monceaux d'ossemens et de cendres, que Sylla voulut qu'on le nommât l'*heureux*, et qu'on lui donnât la dictature sous laquelle l'empire devait trembler. L'exercice du pouvoir le plus grand et le plus terrible calma ses passions ardentes; il s'ennuya de commander au monde , ou si l'on aime mieux croire qu'un sentiment généreux succéda dans son ame aux mouvemens les plus horribles, il voulut rendre la liberté à cette patrie envers laquelle il avait été si coupable : on dirait qu'il regarda le plus grand des biens comme pouvant lui faire pardonner les plus grands des crimes; il abdiqua la dictature, et, devenu simple particulier, il se retira auprès de Cumes.

Ses amis et ses créatures occupaient les

plus grandes places de la république ressus-
citée ; on ne lui demanda pas compte du
sang qu'il avait versé : il fut tranquille en
apparence ; mais la force de son génie ne
put lui servir qu'à cacher les remords qui
ont dû le déchirer jusqu'à son dernier moment ; et quelle terrible renommée il devait
prévoir ! Il ordonna qu'après sa mort son 78 ans
corps fût brûlé ; il craignait que l'on ne dé- av. l'ère
vulgaire.
terrât son cadavre, et ne fît subir à ses restes
tous les outrages que peut imaginer l'indignation publique.

Sertorius, cependant, échappé aux assas-
sins, se réfugia dans plusieurs contrées, se
retira ensuite en Espagne, en arma les valeureux habitans et particulièrement les Lusitaniens, et leur inspira la plus grande
confiance et une admiration très-vive. Indé-
pendant de Rome et cherchant partout des
ennemis aux anciens amis de Sylla, il s'allia
avec Mithridate et l'aida d'une flotte espagnole, devenue en quelque sorte romaine

sous son gouvernement et avec les proscrits
qui partageaient son sort. Rome fut effrayée
de cette alliance; elle opposa à Sertorius,
Métellus et *Cnœus Pompée,* qui avait suivi
le parti de Sylla, repris sur les adversaires du
dictateur la Sicile et une grande partie de
l'Afrique septentrionale, et obtenu les honneurs du triomphe.

81 ans
av. l'ère
vulgaire.

Cette guerre d'Espagne dura pendant un
temps d'autant plus long, que Sertorius et
Pompée étaient deux grands capitaines, et
qu'ils épuisèrent toutes les combinaisons et
toutes les ressources que le génie, l'expérience et une attention extrême peuvent
donner à un général, surtout au milieu des
hautes montagnes dont la péninsule est hé-
rissée. Les succès furent variés. Les lieutenans de Pompée et de Sertorius furent
vainqueurs et vaincus : les généraux s'attaquèrent; leurs avantages et leurs pertes
furent presque égaux. Quels ravages éprouva
alors la malheureuse Espagne ! combien

de villes détruites! combien de champs dé-
vastés! Des deux côtés brillaient les aigles
romaines; et Sertorius, auprès duquel tant
de proscrits s'étaient réunis et un sénat romain s'était formé, aurait pu dire le fameux
vers que le grand Corneille, dans une de ses
tragédies, a mis dans la bouche de ce général : *Rome n'est plus dans Rome, elle est
toute où je suis.* Mais Sertorius fut trahi et
assassiné par *Perpenna.* Les principales villes
espagnoles se rendirent, et Pompée et Métellus triomphèrent de l'Espagne conquise et
pacifiée.

Lucullus va faire la guerre à Mithridate.
Les revers de ce monarque, bien loin d'a-
battre son courage, lui avaient donné une
nouvelle ardeur; il était parvenu à réunir
plus de troupes que jamais, et il faisait le
siége de Cyzique, ville située sur le rivage
de l'Asie et remarquable par sa citadelle,
ses murailles, son port et ses tours de marbre. Les habitans de Cyzique se défendent

avec tant de valeur et de constance, que la
famine et ensuite la peste ravagent le camp
de Mithridate. Le roi lève le siége et se retire;
mais Lucullus le poursuit, l'atteint et fait
un si grand carnage de l'armée de ce prince,
que les eaux du Granique et de l'Æsepe sont
teintes de sang, et la flotte du monarque,
forte de plus de cent vaisseaux, est assaillie
par une tempête si violente sur le Pont-
Euxin, que la surface de la mer est couverte
de débris. Mithridate, écrasé par ce double
malheur, se relève néanmoins avec une nouvelle et admirable énergie, et sollicite les
secours des Ibériens, des Caspiens, des Albanais et des deux Arménies. *Pompée* succède à
Lucullus; il voit qu'il faut prévenir par la plus
grande promptitude la réunion de tant de
forces, traverse l'Euphrate sur un pont de
bateaux, joint Mithridate au milieu de l'Arménie, l'attaque pendant la nuit, et remporte
sur lui la victoire la plus complète. Les projets les plus audacieux n'abandonnent pas

73 ans
av. l'ère
vulgaire.

néanmoins ce monarque; il veut passer le Bosphore, franchir la Thrace, la Macédoine et la Grèce, et envahir à l'improviste l'Italie. Mais ses sujets lui sont infidèles; son fils Pharnace conspire contre lui, et voulant se soustraire à la honte d'orner le triomphe de Pompée, il se fait donner la mort par un de ses officiers. Pompée, après la mort de ce roi, n'ayant plus de grands obstacles à prévoir, vole de contrée en contrée, prend la ville d'Artaxate, capitale de l'Arménie, laisse sur le trône Tigrane, le gendre de Mithridate, mais qui l'accable de protestations et de prières; tourne vers la Scythie, s'empare de Colchos, pardonne aux Ibériens et aux Albanais, va avec rapidité dans le midi de l'Asie, traverse Damas et le Liban, entre dans Jérusalem malgré la résistance des Juifs, donne leur trône à Hircan, fait jeter dans les fers Aristobule qui renouvelle ses prétentions, accorde aux Parthes l'alliance qu'ils demandent, et triomphe avec une pompe extraor-

63 ans av. l'ère vulgaire.

dinaire. Lucullus a aussi triomphé; mais ces
triomphes ne duraient qu'un jour : Lucullus
avait rendu aux habitans de l'Europe un service dont le souvenir devait être plus long et
plus étendu; il avait apporté du royaume du
Pont des greffes d'une très-bonne espèce de
cerisier.

Pompée était devenu le plus puissant de
Rome; on lui donnait le titre de grand, et
parmi ses amis on distinguait Cicéron, qui
devait bientôt être regardé comme le premier
des Romains. Ce père de l'éloquence latine,
obligé de se retirer dans la Grèce pour échapper au ressentiment de Sylla et de ses partisans, y étudia sous les orateurs et les philosophes les plus célèbres, eut la gloire d'entendre son maître Apollonius Molon s'écrier
combien il déplorait le malheur de la Grèce,
qui, soumise par les armes des Romains,
allait être vaincue par l'éloquence de son
élève; fut questeur et gouverneur de la Sicile, obtint la charge d'édile, fit condamner

Verres à réparer les concussions dont il s'était rendu coupable dans cette même Sicile, et fut enfin nommé premier préteur et consul avec Antoine, 63 ans avant l'ère vulgaire. . . .

. . . .

. . . .

FIN DU TOME SECOND ET DERNIER.

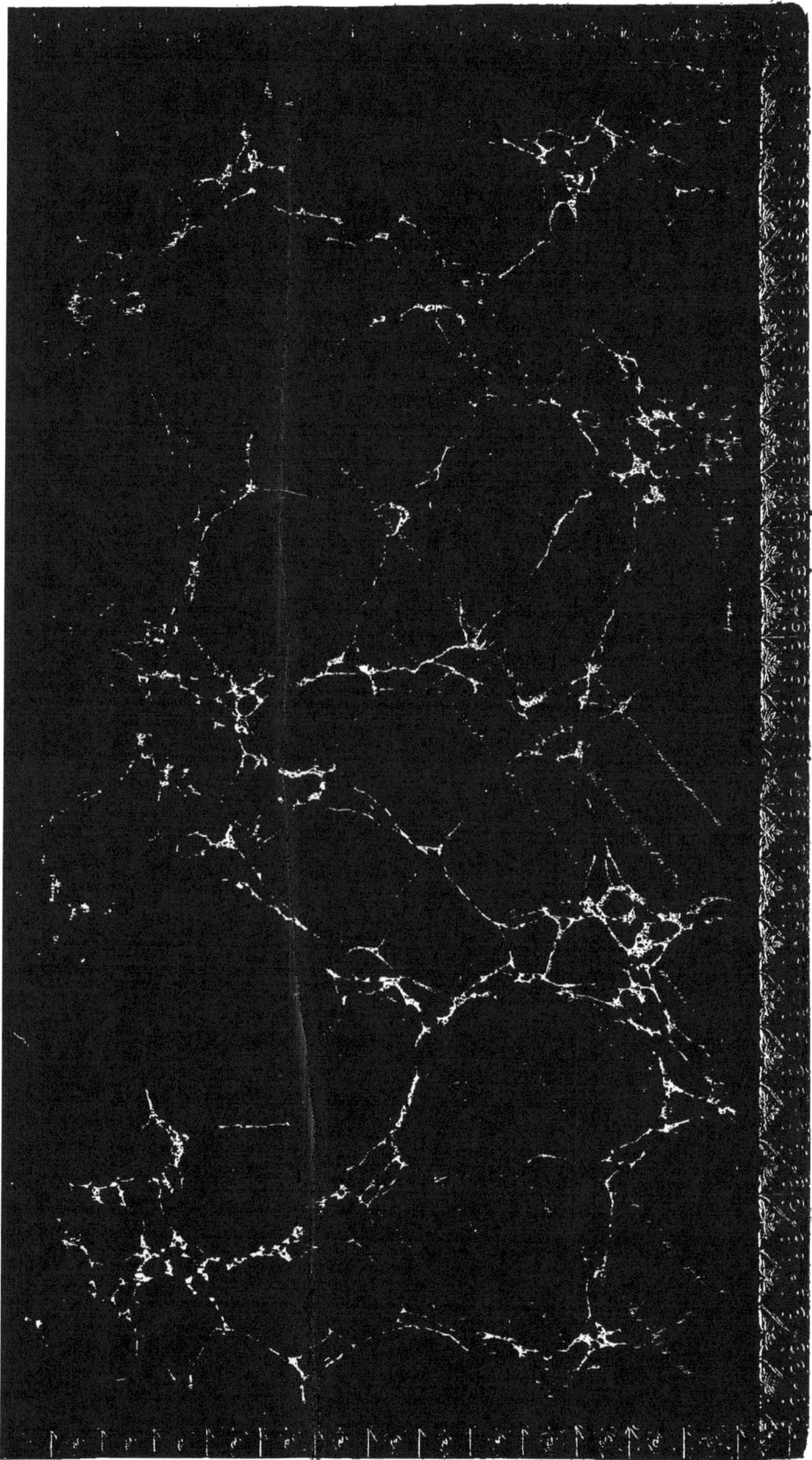